WESTEND

Timm Koch

Das Supermolekül

Wie wir mit Wasserstoff die Zukunft erobern

WESTEND

Mehr über unsere Autoren und Bücher:
www.westendverlag.de

Die Deutsche Nationalbibliothek verzeichnet diese Publikation
in der Deutschen Nationalbibliografie; detaillierte bibliografische
Daten sind im Internet über http://dnb.d-nb.de abrufbar.

Das Werk einschließlich aller seiner Teile ist urheberrechtlich geschützt.
Jede Verwertung ist ohne Zustimmung des Verlags unzulässig. Das gilt
insbesondere für Vervielfältigungen, Übersetzungen, Mikroverfilmungen
und die Einspeicherung und Verarbeitung in elektronischen Systemen.

ISBN: 978-3-86489-240-0
1. Auflage 2019
© Westend Verlag GmbH, Frankfurt/Main 2019
Umschlaggestaltung: Buchgut, Berlin
Satz: Publikations Atelier, Dreieich
Druck und Bindung: CPI – Clausen & Bosse, Leck
Printed in Germany

Inhalt

Ernstfall Klimawandel	7
Weltenbrand	14
Die Visionen des Jürgen Fuhrländer	22
Der Stoff, aus dem die Wasser sind	33
Das Feuer des Wassers	58
Kraft aus der Ursuppe	62
Die Brennstoffzelle	79
Ausgerechnet Shell	91
Energetische Nachbarschaft	97
Büro Referat III b 5 Wirtschaftsministerium	113
Gas geben mit Wasserstoff	116

Dieselkriminelle auf Abwegen	136
Hambi und die Hybris	140
Grüner Stahl	145
Elektrolyseure. Stacks statt Kalilauge	151
Wassol	154
Dank	171
Anmerkungen	173

Ernstfall Klimawandel

»There is no planet B.«

Emanuel Macron

Für die Leserschaft der Zukunft möchte ich mir erlauben, dieses Buch mit einer Fotografie aus unserer Zeit zu beginnen. Wir schreiben den August 2018. Es ist Sommer. Der deutsche Astronaut Alexander Gerst kreist mit der internationalen Raumstation ISS in rund vierhundert Kilometern Höhe über unserem Planeten. Von dort oben schickt Alex eine Aufnahme Mitteleuropas zu uns herunter. Sie zeigt ausgedorrte, ockerfarbene Landschaften, wo eigentlich grün die vorherrschende Färbung sein sollte. Seit April hält eine nie dagewesene Hitzewelle unseren Weltenteil im Griff. Gleichzeitig ist noch nie, seit Beginn der Aufzeichnungen vor 137 Jahren, so wenig Regen gefallen wie in diesem Zeitraum.

Während sich meine Frau über den fantastischen Sommer freut, befülle ich Kanister und Gießkannen mit teurem Leitungswasser, das ich mit meinem Handwagen zu unserem Gartengrundstück karre, um unsere Tomaten- und Stangenbohnenernte zu retten. Längst enthalten die Regentonnen nur noch Staub und Steine. Bei 38° Celsius im Schatten kippe ich schwitzend das kostbare Nass auf den ausgedorrten Boden und betrachte traurig den mageren Lohn meiner Mühen. Die Tomaten sind zwar süß, aber der Behang ist gering. Unser kleines Tomatenfeld liegt direkt neben unseren Bienenbeuten. Die Helden meines letzten Buches sollten um diese Jahreszeit emsig umherschwirren und sich um ihre Wintervorräte an Honig kümmern. Es ist jedoch kaum Flugbetrieb zu beobachten. Während die Wächterbienen fast schon apathisch vor dem Flugloch herumlungern, wird im Inneren der Bienenbehausungen verzweifelt wertvolle Energie verbraucht, um mittels Fächeln die Waben zu kühlen, damit das Wachs nicht schmilzt und die Brut nicht verdirbt. Gleichzeitig gibt es kaum etwas für die Insekten zu essen. Die letzte lohnende Tracht, die Goldrute, lässt verdorrt die nektarlosen Blüten hängen.

Allmählich dürfte den meisten Menschen klar sein: Den Klimawandel müssen nicht erst unsere Kinder und Kindeskinder ausbaden. Er findet hier und jetzt statt, und die dramatischen Folgen werden immer offensichtlicher. Hauptursache für die globale Katastrophe, die das Zeug dazu hat, die Erde für uns Menschen unbewohnbar zu machen, ist – da sind sich sämtliche Wissenschaftler einig – der immense Ausstoß von Kohlendioxid. Der Mensch hat ein gewaltiges Feuer entzündet, das zu löschen immer schwieriger wird. Dabei können wir grob zwischen zwei Arten von Feuer unterscheiden. Das eine brennt in den Heizungsanlagen unserer Häuser, in den Verbrennungsmotoren von Autos, Flugzeugen und Schiffen und in den Öfen der Stahl-, Zement- und Glasindustrie. Dieses gebändigte Feuer verzehrt hauptsächlich fossile Energieträger wie Kohle, Erdöl oder Gas, die der

Mensch dem Bauch der Erde entreißt. Das andere, das offene Feuer, lodert hauptsächlich durch die Wälder der Erde. Waldbrände in Südeuropa, Kalifornien und Australien sind nichts Neues. 2018 gehen allerdings auch in Schweden und sogar in Deutschland Bäume und Sträucher infolge der anhaltenden Dürre in Flammen auf. In den tropischen Ländern Afrikas, Südamerikas und Asiens hingegen brennen die Sauerstofffabriken und Kohlendioxidspeicher, damit an ihrer Stelle Ackerland entsteht. Nicht selten werden auf diesem dann Ölpalmen und Zuckerrohr für »Bio«-Diesel und »Bio«-Sprit angebaut, das dann wiederum in Verbrennungsmotoren landet. Diesen Irrsinn verkaufen Politiker wie Angela Merkel der Öffentlichkeit in beispiellosem Zynismus als Maßnahmen zur Rettung des Klimas. 2008 unterzeichnete die Kanzlerin zu diesem Zwecke mit dem damaligen brasilianischen Staatschef Lula da Silva das deutsch-brasilianische Energieabkommen. Knapp drei Jahre später, 2011, kam das Zuckerrohrethanol in Form von E10 als bis zu zehnprozentige Beimischung zum normalen Benzin auf den deutschen Markt. Die Liste der Verfehlungen in der internationalen Klimapolitik ist lang, noch länger die Liste des darin verstrickten Personenkreises aus Politik und Wirtschaft. Dennoch verdient Frau Merkel als historische Person an dieser Stelle eine besondere Erwähnung, ließ sie sich doch lange Zeit als »Klimakanzlerin« feiern. Bereits heute darf wohl davon ausgegangen werden, dass ihr klimapolitisches Engagement nichts weiter ist als ein schmutziger propagandistischer Trick, in dessen Schatten die zwar lobbyfreudigen, aber klimaschädlichen Industrien weiter ungestört ihre zerstörerische Tätigkeit entfalten können.

Wäre es den Verantwortlichen wirklich an einer Reduzierung der Erderwärmung gelegen, würden sie einen ganz anderen Weg wählen: den Weg des Wasserstoffs. H_2 hat das Zeug dazu, der Menschheit eine Zukunft auf einem bewohnbaren Planeten zu bescheren, ohne Abstriche bei Bequemlichkeit und technischem Fortschritt machen zu müssen. Jedem, der auf einer deutschen Schule die fünfte Klasse besucht hat, dürfte das Experiment der Elektrolyse mit anschließender Knallgasexplosion bekannt sein. Chemielehrer nutzen es gerne, um bei den Schülern die Begeisterung für Naturwissenschaften zu erwecken. Man darf davon ausgehen, dass es auch der studierten Physikerin Angela Merkel nicht unbekannt ist. Zur Gewinnung von Wasserstoff wird elektrischer Strom durch Wasser geführt. Damit dies gut klappt, wird dem Wasser Kochsalz hinzugefügt. Die in ihm enthaltenen Natrium- und Chlorid-Ionen sorgen für die Leitfähigkeit von H_2O. An der Kathode, dem Minuspol, bildet sich in der Folge reiner Wasserstoff (H_2). Das erste Element unseres Periodensystems ist so reaktionsfreudig, dass es mit sich selbst reagiert und in der Natur nur als Molekül vorkommt. An der Anode hingegen, dem Pluspol, steigt in Form von Bläschen reiner Sauerstoff (O) empor.

Bald nun kommt der Punkt, an dem der Chemielehrer sich eine Sicherheitsbrille auf die Nase setzt und den Wasserstoff in einem Reagenzglas auffängt. Gespannt halten die Schüler den Atem an. Der Lehrer hält das mit H_2 gefüllte Reagenzglas an die Flamme eines Bunsenbrenners, und es macht bumm. Der Wasserstoff reagiert unter hoher Energieabgabe mit dem Luftsauerstoff zu nichts anderem als: Wasser.

Die Vorteile, die ein solcher Energieträger für Mensch und Planet birgt, liegen auf der Hand. Wasserstoff verbrennt, sofern er mit erneuerbaren Energien hergestellt wurde, klimaneutral und im Gegensatz zu Diesel, Benzin oder Kohle absolut ungiftig. Jedenfalls wenn man ihn mit reinem Sauerstoff oxidieren lässt. Nimmt man den Luftsauerstoff wie beim Schülerexperiment, so entstehen auch bei der Knallgasreaktion wegen der hohen Temperaturen giftige Stickoxide wie in einem Dieselmotor. Man kann Wasserstoff mit der heutigen Technik problemlos dezentral herstellen, lagern und durch die Gegend transportieren. Verflüssigt lässt er sich in Tanks füllen oder durch Pipelines leiten. Genau in diesen Vorteilen jedoch liegt das Problem. Im Gegensatz zu der heutzutage allseits gepriesenen Batterietechnik, hat die Wasserstofftechnik das Zeug dazu, ein ernsthafter Konkurrent für Erdöl, Erdgas, Kohle und Atom zu sein. Den vier Dingen, welche zwar einerseits unsere Zukunft bedrohen, mit denen aber andererseits Tag für Tag unvorstellbare Summen verdient werden. Eine ganze Reihe von Volkswirtschaften setzt nahezu komplett auf die Förderung oder Erzeugung dieser Energielieferanten. Staaten wie Russland, Venezuela und Saudi-Arabien, aber auch die USA, müssten sich in vielerlei Hinsicht neu erfinden, wenn der Wasserstoff sich durchsetzt.

Aber Staaten sind träge und an den Schalthebeln der Macht findet sich viel Gesindel. Anstatt gemeinsam nach Wegen zu suchen, die klimarettende Technologie nach vorne zu bringen, setzen die zerstörerischen Kräfte des Beharrens auf Lobbyismus und gekaufte Politik und drehen die Abwärtsspirale immer schneller Richtung Abgrund, ohne Rücksicht auf Verluste. Beispielhaft für die Verlogenheit der deutschen Klimapolitik ist das Gerangel um die Ostseepipelines Nord Stream 1 und Nord Stream 2. Allein durch Nord Stream 2 sollen zukünftig jedes Jahr 55 Milliarden Kubikmeter Erdgas nach Zentraleuropa gepumpt werden. Ein gewaltiger Schlauch, der von Russland abhängig macht und für das Klima nichts Gutes verheißt. Noch ist der zweite der klimakillenden Lindwürmer weder fertiggestellt, noch vollkommen in politisch trockenen Tüchern, da träumt der russische Staatskonzern Gazprom bereits von Nord Stream 3, ohne dass irgendwer in unserer Regierung ernsthafte Zweifel an der Sinnhaftigkeit dieser Unternehmungen äußert. Erdgas gilt zwar als weniger klimaschädlich als Kohle. Dennoch ist es ein fossiler Stoff, bei dessen Verbrennung Kohlendioxid entsteht, das Gas, das von der Wissenschaft maßgeblich für den Treibhauseffekt verantwortlich gemacht wird. Dieses Zeug wollen wir im Sinne der vielbeschworenen Energiewende offiziell gar nicht mehr haben. Trotzdem spielt dieser nicht ganz unwesentliche Punkt in der öffentlichen Diskussion über die Pipelines überhaupt keine Rolle. Vielmehr wird darüber gestritten, dass die klassischen Gastransitländer Polen und Ukraine sich um ihre Pfründe geprellt sehen, weil die Gasleitungen ohne Rücksicht auf das fragile Ökosystem unseres nordischen Binnenmeeres, durch die Ostsee gelegt werden. Hier schließt sich ein Kreis. Denn in diesem dreckigen Geschäft ist ebenfalls eine Person verwickelt, der das deutsche Wahlvolk einmal das ultimative Vertrauen des höchsten Staatsamtes ausgesprochen hat. Die Rede ist von Ex-Bundeskanzler Gerhard Schröder, dem Intimus von Wladimir Putin.

Fossile Energie ist im Prinzip nichts anderes als die durch pflanzliches Leben konservierte Sonnenenergie der Jahrmillionen. Die anzuzapfen ist ein sehr einträgliches Geschäft und hat zur Bildung einer ganzen Reihe von sehr mächtigen Kartellen geführt. Unser Schatz ist zum Fluch geworden. Die Erkenntnis, dass es allemal klüger ist, ihn erst einmal unter der Erde lassen, bis uns etwas Besseres einfällt, als ihn einfach zu verfeuern, wiegt bei solchen Machtverhältnissen wenig.

Weltenbrand

*»Ich sah den Satan wie einen Blitz
Aus dem Himmel fallen.«*

Lukas 10,18

Woher kommt unser Beharren auf dem kohlenstoffbasierten Feuer? Warum verläuft das Streben nach Alternativen so halbherzig? Warum brennen wir den blauen Wasser-Planeten zu Grunde? Diese Fragen sind grundlegend für das Fortbestehen der Menschheit und des Planeten Erde, wie wir ihn kennen. Sie verdienen eine genaue Erörterung.

Zum besseren Verständnis der Misere, in der wir uns befinden, müssen wir gedanklich zu den Anfängen der Menschheit zurückkreisen. Es gibt Funde aus Koobi Fora im Norden Kenias die nahelegen, dass schon Homo ergaster vor 1,5 Millionen Jahren begonnen hat, die Kontrolle über das Feuer zu erringen. Es gilt als sicher, dass die Vertreter der Gattung Homo heidelbergensis, die vor 300 000 Jahren die ältesten bis heute erhaltenen Jagdwaffen erschufen, bereits das Geheimnis des Feuers gelüftet hatten. In der Nähe ihrer Fundstelle fanden sich nämlich nicht nur die Überreste erlegter Wildpferde, sondern auch ein angekohlter Bratspieß, mit dessen Hilfe die

Pferdesteaks geröstet wurden. Wer heutzutage über die Ursachen des Klimawandels nachdenkt, dem dürfte es als Ironie des Schicksals erscheinen, dass man die acht Holzspeere mitsamt den anderen Resten dieser Grillparty aus den Tiefen der Zeit, ausgerechnet in einem Braunkohletagebau entdeckte. Mithilfe des Feuers kann Nahrung gegart werden, was sie einerseits leichter verdaulich, andererseits aber auch haltbarer macht. Feuer schreckt des Nachts die wilden Tiere ab und erleichtert die Besiedelung kalter Lebensräume. Die Fähigkeit, das Feuer zähmen zu können, dürfte das wichtigste der Merkmale sein, die den Menschen von den anderen Tieren unterscheiden. Selbst Schimpansen, die durchaus in der Lage sind, sich primitive Werkzeuge zu basteln, scheuen vor dem Feuer zurück.

In unserer europäischen Mythologie waren es häufig Trickster unter den Göttern, Dämonen oder Engeln, die durch die Weitergabe des Feuers an den Menschen die göttliche Ordnung durcheinanderbrachten. Bei den alten Germanen war dies der Problemgott Loki. Bei den Griechen übernahm Prometheus die unrühmliche Rolle, wofür Zeus ihn zur Strafe an einen Felsen kettete, wo ihn tagtäglich ein Adler besuchte, um von seiner Leber zu naschen. Für die Christen schließlich war es Luzifer, der Engel des Lichts, der als Rebell von Gott besiegt und in die Unterwelt gestoßen wurde. Dort köchelt er im Höllenfeuer die armen Sünder durch und ist bemerkenswerterweise im dualistischen christlichen Weltbild das Symbol für das Böse schlechthin.

Kommen wir zu den Geisteswissenschaften. Im 8. Jhd. v. Chr. setzten griechische Siedler auf die Insel Sizilien über. Mithilfe ihrer modernen Eisenwaffen gelang es ihnen, die Urbevölkerung der Sikulier zurückzudrängen und eine Reihe bedeutender Städte zu gründen, mit so klangvollen Namen wie Syrakus, Selinunt oder Akragon, dem heutigen Agrigent. Sizilien lockte mit fruchtbaren Böden, einem angenehmen Klima und einer sowohl für den Handel, als auch militärisch günstigen, strategischen Lage zwischen Afrika und Europa. Noch heute zeugen gewaltige Tempelanlagen von der einstigen Pracht der archaischen Kolonialgeschichte. Doch nicht nur architektonisch lief die Menschheit auf der Sonneninsel zu früher Hochform auf. Auch auf dem Gebiet der Philosophie gelangen ihr erste Meisterleistungen. Im Jahre 495 v. Chr. wurde in Akragon Empedokles geboren. Der Mann, der sich selbst zur Gottheit erklärte und obendrein als erster schriftlich verbürgter Vegetarier gilt, war bestrebt, Ordnung in die Beschaffenheit des Kosmos zu bringen. Vom Periodensystem hatte der alte Grieche selbstverständlich noch keine Ahnung. Aber seine Reduzierung auf das Wesentliche besticht noch heute. Er unterteilte die Welt in vier Elemente: Erde, Luft, Wasser und Feuer.

Wichtig für unseren Gedankengang ist in diesem Zusammenhang die Tatsache, dass die ersten drei der empedokleschen Elemente aus Materie bestehen, während das letzte einen Vorgang bezeichnet; den Vorgang des Verbrennens. Es nimmt somit unter den Elementen eine Sonderstellung ein. Feuer verstrahlt eine Faszination, der wir Menschen uns nicht entziehen können. Bei manchen ist sie stärker, bei anderen schwächer ausgeprägt. Ich selbst bin nicht frei von ihr. Man kann sogar sagen, dass sie von Kindheit an bei mir ausgesprochen stark ausgeprägt ist. In meiner Seele tobt ein Feuerteufel. Wenn Dinge verbrennen, kann ich nicht wegsehen. Während ich auf dem von Pyromanie gebeutelten Sizilien zu Empedokles recherchiere, wird mir diese Tatsache wieder einmal bewusst. Im Hinterland von Agrigent werden meine Frau und ich Zeugen, wie in sicherer Entfernung ein ganzer Berghang voll Buschland von Zündlern in Brand gesteckt wird. Wir hatten uns in der Abenddämmerung bei Brot, Lamm und einem Glas Nero d'Avola zu Tisch gesetzt, als wir die Flammen sahen. Sie schlugen uns in ihren Bann. Bei aller Abscheu, die wir vor den Verheerungen der Feuersbrunst empfanden, konnten wir nicht umhin, mit fast schon schlechtem Gewissen festzustellen: Aus der Ferne betrachtet, sah sie schaurig schön aus.

Jeder Mensch hat seine eigene Geschichte mit dem Feuer. Feuer ist ein Teil von uns. Zum besseren Verständnis dieser Problematik möchte ich an dieser Stelle einen weiteren Teil meiner eigenen Geschichte des Feuers zum Besten geben. Als ich drei Jahre alt war, bauten meine Eltern unser Eigenheim. Die Großeltern mütterlicherseits hatten ihnen zu diesem Zwecke zu fairen Konditionen ein Areal auf ihrem großzügigen Grundstück zur Verfügung gestellt. Dem Bau hatte ein schöner Kirschbaum zu weichen. Meinem kindlichen Gemüt hatte der Baum besser gefallen als das neue Haus. Kaum war es fertig, verkündete ich meinen entsetzten Eltern den Plan, es niederzubrennen. Es sollte keine zwei Jahre dauern, da wäre es mir als Fünfjährigem um ein Haar gelungen, meinen Worten Taten folgen zu lassen. Ich erfuhr dabei tatkräftige Unterstützung durch meine ebenfalls recht feueraffine Kindergärtnerin. Es waren die frühen 70er Jahre des 20. Jahrhunderts. Es fing damit an, dass wir im Backofen Yoghurtbecher aus Plastik einschmolzen. Das gab hübsche, bizarr geformte, bunte Scheiben, aus denen wir Mobiles bastelten. Dioxin-Dämpfe waren damals noch nicht so das Thema. Kritisch wurde es, als sie mit uns Kerzenhalter aus Papier bastelte. Stolz brachte ich mein Bastelprodukt nach Hause, steckte eine Kerze hinein, stellte den Kerzenhalter auf unseren ovalen Design-Wohnzimmertisch, zündete die Kerze an, betrachtete eine Minute lang fasziniert die flackernde Flamme und ging spielen. Um das Ergebnis gleich vorwegzunehmen: Das Haus steht noch heute unversehrt an der Stelle, wo einst der Kirschbaum wuchs. Der Brand wurde früh genug entdeckt und gelöscht. Aber der Wohnzimmertisch war natürlich hin, und die verrußten Wände nebst der Decke brauchten einen frischen Anstrich. Seit dem Tag versteckten meine Eltern die Streichhölzer vor mir. Ich konterte, indem ich als Vorpubertierender begann, Streichholzdosen zu sammeln. Seither hege und pflege ich mein persönliches Feuerchen. Im Sommer koche ich auf der Flamme eines Gasherds, im Winter auf dem Holzfeuer, das ich in unserem alten Küchenofen nähre. Grillen mit Holzkohle bereitet mir ebenso große Freude wie der Duft von Pfirsich- oder Eichenholz, das, zu handlichen Scheiten verarbeitet, knackend im offenen Kamin eine wohlige Wärme verbreitet. Für gewöhnlich schaffe ich es, ein Lagerfeuer mit einem einzigen Streichholz zum Flackern zu bringen, ohne dass ich dafür Papier bräuchte. Selbst zum Imkern brauche ich einen kleinen Schwelbrand in meinem Smoker, um die Immen damit in Schach zu halten. Nicht zu vergessen das unromantische Feuer in meiner Gasheizung, die anspringt, wenn der offene Kamin nicht wohlig-warm genug brennt und die Feuersbrunst im Dieselmotor meines VW-Buses, mit deren Hilfe ich mich selbst in der Weltgeschichte herumkutschiere. Schließlich ist da noch die Nitro-Explosion, wenn ich eine Feuerwaffe abfeuere, um in den Genuss eines Kanincheneintopfes oder einer Rehkeule zu gelangen. Die Geschichte ließe sich beliebig weiterspinnen; vom Kerosin, das mir zuliebe mehrmals jährlich durch die Düsen diverser Linienjets donnert, über die Stahlkocher, die mit meinen Steuergeldern das Erz schmelzen für die Panzer, mit denen unsere Regierung in Afghanistan oder Mali ihre neokolonialen Kriege führt, bis hin zu den Plastikverpackungen, die ich wegwerfe und die in Form von elektrischem Strom aus der Müllverbrennungsanlage, zielsicher ihren Weg zu mir zurückfinden.

Gerät ein Feuer außer Kontrolle, so sprechen unter anderem die Juristen von einem Brand. Ist ein Mensch für diesen Kontrollverlust verantwortlich, haben wir einen Brandstifter vor uns. Kriminologisch betrachtet, sieht die Sache so aus: »Indem der Brandstifter etwas zerstört, weist er auf seine innere Zerstörung hin«.[1] Ein Großteil der Serienbrandstifter ist im klinischen Sinne nicht psychisch krank. Doch es gibt sie natürlich: Die beiden französischen Pioniere auf dem Gebiet der Psychologie Jean Étienne Esquirol (1772–1840) und Charles Chrétien Henry Marc (1771–1840) erkannten als Erste die Pyromanie als seelische Deformation und machten sich an ihre Erforschung. Die pathologische Brandstiftung gehört zu den spektakulärsten, mitunter aber auch folgenschwersten seelischen Störungen. Zwei wichtige Aspekte sind die Lust am Feuer und/oder die Bedeutung als Retter. Kein Wunder, dass man die derartig am Geiste Erkrankten häufig bei der Feuerwehr antrifft, wo sie nicht selten besonders eifrig bei der Sache sind, wenn es gilt, den heimlich selbst gelegten Brand wieder einzudämmen.[2]

Zweifellos gehört zu den mannigfachen Monomanien, unter denen der industrialisierte Mensch, *Homo industrialis*, zu leiden hat, auch der Hang zur süchtigen, zwanghaften, triebhaften Brandstiftung. Denn all unsere kontrollierten Feuer ergeben gebündelt einen Brand, den die Erde in diesem Ausmaß noch nicht erlebt hat. Wie aber löscht man einen Brand von diesen Ausmaßen? Wie schaffen wir die Wende – von der Lust am Feuer weg, hin zur Bedeutung als Retter? Wasser allein wird uns da nicht retten. Dafür hat das Feuer schon zu stark von uns Besitz ergriffen, sich in unsere Seelen, in unseren Alltag, in unsere Leben eingebrannt. Was wir brauchen ist ein Gegenfeuer. Jene Maßnahme zur Eindämmung von Waldbränden, die manch einem Feuerwehrmann wohl ganz besonderen Genuss bereiten dürfte. Wenn Wasser allein nicht mehr reicht, unser ganz großes Feuer zu löschen, brauchen wir Wasserstoff, das Feuer des Wassers. Wollen wir unseren Planeten vor der ganz großen Katastrophe namens Klimawandel retten, müssen wir einsehen: Allein das Feuer des Wassers wird auf lange Sicht in der Lage sein, das andere, das verheerende Feuer zu ersticken. Sei dies nun auf Kohlenstoff basiert oder sei es atomar. Denn auch Letzteres ist bekanntermaßen ungeheuer destruktiv. Mein Großvater Erwin Erasmus Koch warnte bereits in seinem 1958 erschienenen Sachbuch vor diesem »Feuer der Sterne«, mit dem der Mensch besser nicht hantieren sollte.

Ob krankhaft oder nicht; wohl jeder Mensch auf Erden hat seine ganz persönliche Geschichte mit dem Feuer. Dies müssen wir begreifen und akzeptieren, wenn wir das Feuer neu denken wollen. Denn ein Feuer, das statt Asche und Vernichtung bloß reines, lebensspendendes Wasser erzeugt, ist ein vollkommen neues Konzept. Wir müssen ernsthaft damit beginnen, kohlendioxidneutral Wasserstoff zu gewinnen und als Energieträger zu nutzen. Das H_2-Molekül hat das Zeug dazu, den *Homo industrialis* auf eine neue Stufe der Zivilisation zu stellen.

Die Visionen
des Jürgen Fuhrländer

»O du schöner Westerwald
Eukalyptusbonbon
Über deine Höhen pfeift der Wind so kalt«

Volkslied

Ich unterhalte einen Bienenstand am Rande des Westerwalds. Es ist in Teilen ein immer noch wildes Gebiet. Hier treiben Drogenhändler und Hells Angels ihr Unwesen, die Flodder-Brüder Ludolf tummeln sich in ihrem Schrotthaufen, und auf entlegenen Gehöften stemmen sich rebellische Biobauern auf kargem Boden gegen die Übermacht der Agrar-Riesen. Als Heranwachsender hatte ich Kumpels auf den Höhenzügen, die ich an den Wochenenden besuchte. Sie zeigten mir eine Welt, wo man mit zwölf auf frisierten Mofas ohne Führerschein durch die Gegend flitzen konnte, mit dem Traktor umherfuhr und in Kinderzimmern schlief, die nichts anderes waren als roh gezimmerte Dachböden. Geschichten machten die Runde von Schurken, bei denen man ein »Pistölchen« kaufen könne oder die als Polizistenmörder im Knast säßen. Kein Wunder also, dass man hier in Deutschlands Wildem Westen auch auf echte Pioniere stoßen kann.

Ich verabrede mich zum Gespräch mit einem von ihnen. Jürgen Fuhrländer leitet die Gesellschaft für Windenergieanlagen GmbH & Co KG (GFW) und glaubt an die Potenziale des Wasserstoffs. Der Firmensitz befindet sich in Rennerod. Schon mal gehört? Nein? – Kein Wunder, denn Rennerod liegt *In the Middle of Nowhere*. Wer es googelt, erhält als ersten Treffer einen RTL-Videoclip, der Rennerod – passend zum Wildwestimage – zur »gefährlichsten Kleinstadt Deutschlands« erklärt, weil hier bei Nachbarschaftsstreitereien bevorzugt Äxte, Holzknüppel und Schusswaffen die Mittel der Wahl darstellen. Der Kommentar des Ortsbürgermeisters Volker Abel zu einem der blutigen Vorfälle (»Das Projektil ist (…) Gott sei Dank, im Augapfel stecken geblieben.«) imponiert mir. Ausgerechnet hier soll eine der ersten Wasserstofftankstellen Deutschlands aus dem Boden gestampft werden.

Die Straße, die zu dem Unternehmen führt, heißt »Am Wolfsgestell«. Auf den ersten Blick wirkt die GFW wie eine Art Schrotthandel für Windräder. Auf einer ehemaligen Kuhweide rotten Rotorblätter vor sich hin. Im krassen Kontrast dazu ragt an der Industriehalle, die den Firmensitz bildet, – warzenförmig mit viel Glas – ein futuristischer Anbau in Form eines UFOs heraus. In ihm treffe ich, von hübschen, netten Sekretärinnen mit Kaffee wohlversorgt, den H_2-Pionier. Jürgen Fuhrländer ist ein stämmiger Mann in den Fünfzigern. Der gelernte Schlosser sattelte um auf Maschinenbau und wurde nach absolviertem Studium selbstständiger Unternehmer. Ich zolle ihm meine Anerkennung für die zukunftsweisende Form des UFO-Anbaus und erfahre, dass die Halle in Folge von Schweißarbeiten niedergebrannt sei. Beim Wiederaufbau habe man neue Akzente setzen wollen. Wer mit dem Feuer des Wassers gegen den Weltenbrand angehen will, der muss damit rechnen, dass er sich die Finger ansengt. Fast scheint es (bleibt man bei meiner philosophischen Allegorie des vorangegangenen Kapitels), als hätte sich das feurige Element aktiv gegen einen seiner Löschmeister zur Wehr gesetzt.

Nachdem dieser Punkt geklärt ist, kommt er schnell zur Sache. Er sei Unternehmer, dem es in allererster Linie darum gehe, Geld zu verdienen. Mit Spinnereien sei dies schwierig. Er setze auf Grünen Wasserstoff, weil er darin das Geschäft der Zukunft sehe. Meiner Skepsis gegenüber dem System des Kapitalismus zum Trotz gebe ich ihm natürlich recht in dem Punkt, dass ein Unternehmer, der kein Geld verdient, sein Unternehmertum sehr bald an den Nagel hängen kann. Wir kommen auf Details zu sprechen. Neben Wartung, Reparatur und Service von Windparks hat sich die GFW dem »Repowering« verschrieben. Sie baut unrentabel gewordene Kleinturbinen in Deutschland ab und ersetzt sie durch größere, höhere und profitablere Anlagen. Die kleinen Windmühlen werden nicht verschrottet, sondern erhalten ein zweites Leben in Regionen wie Nordirland oder Nicaragua. Doch nicht überall ist Repowering so ohne weiteres möglich. Von Lärm und Schattenwurf geplagte Anwohner brauchen ab einem gewissen räumlichen Abstand zu den Windkraftanlagen die Erhöhung der Qualen nicht mehr hinzunehmen. Auch der laxe Umgang mit Umweltschutzgesetzen bleibt nicht unwidersprochen. Allerorten entdecken Eigenheimbesitzer, deren Bleibe durch die nahen Windparks massiv an Wert verliert, ihr grünes Herz. Gefälligkeitsgutachten kommen ebenso aus der Mode wie die Giftköder, mit denen jahrelang den Planungsablauf störende Tierarten wie Rotmilan oder Seeadler aus dem Weg geräumt wurden.

Der springende Punkt bei all dem ist folgender: Im Jahr 2021 fällt für die ersten knapp 4000 Windräder die EEG-Umlage weg. Bis zum Jahr 2016 trifft dieses Schicksal rund

14 000 Anlagen, die gemeinsam rund 17 000 Megawatt Strom erzeugen. Das entspricht in etwa der Leistung von sieben bis acht Atomkraftwerken. Alle diese kleinen Anlagen – die meisten blockieren in den Augen der Fuhrländers die in Sachen Wind günstigsten Standorte – müssen fortan ihren Strom auf dem freien Markt verkaufen oder werden abgerissen. Wir haben es mit einer kritischen Masse zu tun.

Hier werden ein paar erklärende Worte zur EEG-Umlage nötig. Wer die Abgefeimtheit verstehen will, die sich hinter der Abzocke mit dem sperrigen Titel Erneuerbare-Energien-Gesetz-Umlage verbirgt, braucht sich nur folgende Begebenheit vor Augen zu halten. Wir Bürger bezahlen, um die Energiewende im Sinne des Klimaschutzes voranzubringen, für unseren Strom einen hohen, künstlich festgelegten Preis, während der heimische Markt mit billigem Strom so überschwemmt ist, dass der bereits ins Ausland exportiert wird. Es herrscht klassische Überproduktion. Wenn an windigen Tagen die Sonne scheint, ist Strom auf dem freien Markt so gut wie gar nichts mehr wert. An solchen Tagen laufen die Atomkraftwerke und Kohlekraftwerke natürlich weiter. Einen Atomreaktor kann man leider nicht nach Bedarf an- beziehungsweise ausknipsen. Ebenso wenig lässt man dann eins der gigantischen Braunkohlefeuer einfach ausgehen. Wir Bürger profitieren durch die EEG-Umlage nicht von den Entwicklungen auf dem Markt. Vielmehr halten wir Klimakiller und Nuklearstrom mit den künstlichen Preisen künstlich am Leben.

Vom großen Kuchen EEG-Umlage wollten, seit seiner Einführung im Jahr 2000, viele ein Stück abhaben. Entsprechend hoch wurden die Pachtverträge abgeschlossen. Rechnet man die Kosten für Wartung und Reparatur hinzu, laufen die Windmühlen defizitär sobald die EEG-Umlage wegfällt. Der gefürchtete Unternehmer-verdient-kein-Geld-Fall tritt ein. Genau an diesem Punkt kommt der Wasserstoff ins Spiel. Ein mittelgroßes Windrad kann via Elektrolyseur etwa 18 Tonnen Wasserstoff im Jahr erzeugen. Wenn man bedenkt, dass eine Tankfüllung von sechs Kilogramm H_2 ausreichen, um einen schweren Toyota-Geländewagen 600 Kilometer weit fahren zu lassen, so lässt sich unschwer errechnen, dass ein einziges Windrad im Jahr Wasserstoff für 3000 Tankfüllungen oder 1,8 Millionen gefahrene Straßenkilometer produzieren kann, ohne dass dabei auch nur ein einziges Gramm CO_2, Stickstoff oder Feinstaub erzeugt wird.

Während das von der Industrie hoffnungslos gekaperte Auto-Deutschland genussvoll die Zeichen der Zeit verpennt, wächst international der Markt für Wasserstoff rasant. Die Fortschritte in der Brennstoffzellentechnologie machen es möglich. Die Gelegenheit ist für eine große Menge Kapital absolut günstig, einen neuen Megamarkt aufzubauen. Mit Hilfe von Wasserstoff könnte es gelingen, dass ein großer Teil dieser gigantischen Zahl von Windkraftwerken noch auf Jahre hinaus den Unternehmern Geld auf dem freien Markt bringt. »Wasserstoff«, so schließt Fuhrländer seine Erläuterungen, »ist das Erdöl des 21. Jahrhunderts.«

Ich begreife allmählich, dass dank Braunkohle, der nach wie vor sich am Netz befindenden sieben Atomkraftwerke, EEG-Umlage und dem massenhaften Ausbau von Windenergie- und Solarparks elektrischer Strom hierzulande sozusagen zu einer Ramschware verkommen ist. Laut einer Studie der Heinrich-Böll-Stiftung wurde die Kohleindustrie innerhalb der EU zwischen 1970 und 2007 mit insgesamt 380 Milliarden Euro subventioniert.[3] Momentan belaufen sich die Fördersummen auf rund zehn Milliarden jährlich, wovon deutsche Steuerzahler allein rund 3,7 Milliarden an die Klimakiller überweisen. Die Fördersummen für Atomstrom sind noch gewaltiger. Vor allem versteckte Kosten fallen hier ins Gewicht; von der endlosen Endlagersuche, um den tödlich strahlenden Müll loszuwerden, bis hin zu den Knüppelbrigaden der Polizei, mit der die um ihre Zukunft besorgten Bürger in Schach gehalten werden müssen. Wer abseits dieser vollkommen marktfremden Subventionspolitik in Zukunft mit Wind und Sonne Geld verdienen will, der setzt auf das Veredelungsprodukt H_2.

Fuhrländer beklagt die Begeisterungsresistenz unserer Volksvertreter für das Thema. Meine Überlegung, dass man als Ursache hierfür wohl mit Fug und Recht zahlungskräftige Lobbyisten der konventionellen Energiewirtschaft vermuten darf, quittiert er mit einem vorsichtigen Nicken. Stichwort Transport: Statt den Windstrom an der Nordsee in Form von Wasserstoff zu speichern und abgefüllt in Tanks in Richtung der süddeutschen Industriezentren zu transportieren, lässt man gigantische Stromtrassen errichten. Neben Schäden an Umwelt und Mitbürgern wird hierfür ein ebenso gigantischer Energieverlust hingenommen. Die hunderte von Kilometern Kupferkabel geben einen Widerstand, an dem bis zu einem Drittel der eingespeisten Strommenge verloren geht. Zu diesem gesellt sich noch ein anderer Widerstand, nämlich derjenige zahlreicher Protestinitiativen von Mitbürgern, deren Lebensqualität von den für Unsummen unterirdisch verlegten Trassen beeinträchtigt werden wird. Mir fällt ein weiteres Stichwort ein: Speicherung. Gerade bei den erneuerbaren Energien stimmen die Produktions- mit den Bedarfszeiten selten überein. Platt ausgedrückt ist es nämlich so: Wenn tagsüber die Sonne auf die

Solarpanelen scheint, sind die meisten Menschen auf der Arbeit. Abends, wenn die Sonne dann untergegangen ist, laufen Waschmaschine, E-Herd und Fernseher.

Betrachtet man in diesem Zusammenhang das Pumpspeicherwerk Rönkhausen, kann man bestaunen, was den Wasserstoffverhinderern eingefallen ist, um an diesem Punkt Abhilfe zu schaffen. Hier im schönen Sauerland wurde ein kompletter Berg abgetragen, um an seiner Stelle ein ökologisch totes Betonbecken anzulegen. Bei Stromüberschuss wird Wasser bergan gepumpt, um es zu befüllen. Bei Strommangel fließt das Wasser den Berg wieder hinab und treibt Turbinen an, welche wiederum die Netze bedienen. Abgesehen von der Naturzerstörung und der Klimaschädlichkeit des mit größtmöglicher Freigiebigkeit in die Landschaft gekippten Werkstoffs Beton (die Zementproduktion ist für rund acht Prozent des global ausgestoßenen Klimagases Kohlendioxid verantwortlich), ist ein solches Pumpspeicherwerk nicht besonders effizient. Pumpen, Wasserwiderstand, Übertragungsverluste und Eigenbedarf fressen bis zu einem Viertel der eingesetzten Energie auf. Mir fällt hierzu das Wort Steinzeittechnologie ein. So weit möchte Fuhrländer nicht gehen. Stattdessen stellt er die rhetorische Frage: »Warum noch mehr Natur zerstören, wenn es mit Wasserstoff doch auch anders gehen kann?« Die »Power-to-Gas«-Technologie habe heute eine Gesamteffizienz von 38 Prozent erreicht, so der Wasserstoffpionier. Damit liegt sie zwar immer noch deutlich unter der Betonbeckenvariante. Aber Wasserstoff als Energiespeicher lässt sich nun mal kabellos transportieren, was schon ein nicht zu unterschätzender Wert an sich ist, weil es die Möglichkeit einer dezentralen »Gas-to-Power«- Energierückgewinnung an theoretisch jedem x-beliebigen Ort der Welt birgt. Zudem habe die Gesamteffizienz vor zehn Jahren noch bei lediglich 18 Prozent gelegen. Trotz schnarchnasiger staatlicher Unterstützung gestaltet sich der technische Fortschritt auf diesem Gebiet also rasant und bietet noch viel Luft nach oben.

Fuhrländer versorgt mich noch mit einer ganzen Reihe von Informationen und Denkanstößen. Ich mache fleißig Notizen und freue mich über seine Gesprächigkeit. Mir wird klar: Das Thema ist ihm eine Herzensangelegenheit. Indessen bleibt mein Blick auf einem Modell hängen, das sorgfältig drapiert auf einem Podest in der Ecke des Büros steht. Über ein Mini-Solarmodul wird Strom erzeugt, der in zwei mit Wasser gefüllte Glasröhren fließt. An der Kathode bilden sich Wasserstoffbläschen, an der Anode blubbert Sauerstoff. Der Wasserstoff wiederum wird zu einer kleinen Brennstoffzelle geleitet. Am Ende des Prozesses dreht sich ein kleiner Propeller, während aus der Brennstoffzelle Wasser entweicht. Das Ganze sieht nicht unbedingt nach Hexenwerk aus, hat aber das Zeug dazu, die Energieprobleme der Menschheit zu lösen und unseren Planeten vor dem Klimakollaps zu bewahren.

Im Großen läuft es auf den Westerwaldhöhen noch nicht ganz so rund. Die H_2-Tankstelle verharrt im Planungszustand. Dafür stehen vor Fuhrländers Halle aber bereits zwei wasserstoffgetriebene *Hyunday Nexo*. Die massigen, silberfarbenen SUVs nutzen er und seine Mitarbeiter auf ihren Touren quer durchs Land, wenn sie ihre diversen Windenergieprojekte betreuen. Er besitzt damit zwei Fahrzeuge einer speziellen Flotte, deren Gesamtzahl überschaubar bleibt. Im Jahr 2018 fahren nicht mehr als dreihundert bis vierhundert Fahrzeuge dieser Art auf deutschen Straßen.

»Zur Zeit gibt es, über Deutschland verteilt genau 43, nein 44 Tankstellen, an denen wir unsere Fahrzeuge tanken können. Ich kenne sie alle. Klar nehmen wir eine Menge Umwege in Kauf.«

Neben diesen Unannehmlichkeiten wird wohl auch der Kaufpreis von knapp 70 000 Euro ganz schön wehgetan haben. Aber der Unternehmer will durch diesen Eigenbeitrag helfen, das Henne-Ei-Problem zu durchbrechen. Momentan tun sich die Autohersteller schwer mit der Fertigung von Wasserstoffautos, weil es keine Tankstellen für den sauberen Treibstoff gibt. Andererseits stellen die Tankstellen keine Zapfsäulen zur Verfügung, weil noch keine Autos in hinreichender Anzahl auf unseren Straßen rollen, welche die entsprechenden Investitionen rechtfertigen würden. An diesem Punkt angelangt, denkt ein Westerwälder Wasserstoffpionier wohl »Hilf dir selbst, sonst hilft dir Gott« und macht sich sein H_2 einfach selber. Zwei schwenkbare Solarmodule stehen immerhin bereits, im Jahr 2019 sollen ein Elektrolyseur und der Tank angedockt werden.

Bevor ich mich verabschiede, kann ich nicht umhin, mit Herrn Fuhrländer über die Schattenseiten der Windkraft zu sprechen. So wichtig die Turbinen mit den gewaltigen Propellern für die klimaschonende Strom-, beziehungsweise Wasserstoffgewinnung sein können, so zerschreddern sie gnadenlos Tag für Tag in großer Anzahl unsere geflügelten Freunde aus der Vogel- und Fledermauswelt. Von den Insekten ganz zu schweigen. Mit eigenen Augen habe ich Rotorblätter gesehen, deren Spitzen in scharfe Messer auslaufen, um damit die Körper der Vögel zu zerschlitzen und so Aufprallschäden zu verringern. Die steigende Tendenz, Windturbinen in entlegenen, sprich naturnahen Gebieten aufzustellen, tut ein Übriges dazu, die heimische Artenvielfalt zu zerstören. Jahr für Jahr werden allein hierzulande 250 000 Fledermäuse von den Rotoren erschlagen. Eine Expertenkommission des NABU zum Thema Fledermaussterben kam bereits 2012 zu folgendem Schluss:

»Nach Einschätzung der Experten wurden und werden … bei der Planung und dem Betrieb der meisten WEA Fledermäuse nicht ausreichend untersucht und berücksichtigt. In der Folge wird ein Großteil der Anlagen momentan naturschutzfachlich widerrechtlich betrieben. Dies ist auf ein Umsetzungsdefizit auf Seiten der Behörden bzw. Entscheider zurückzuführen.«

Die Herzlosigkeit, mit der die Beteiligten aus Industrie und Verwaltung bestehende Landschafts- und Naturschutzregularien aufweichen oder umgehen, ist schlecht für die Akzeptanz von Windkraft in der Bevölkerung. Auch Fuhrländer ist totes Wildgeflügel ein Graus. Es sorgt für Rechtsunsicherheit, Ärger und ist schlecht für das Geschäft. Nach einem etwas schlappen Hinweis auf das sogenannte Schaukelmonitoring und Anlagen, die sich einem Algorithmus folgend herunterregeln in Zeiten hoher Fledermausdichte, deren Wirksamkeit von manch einem bezweifelt wird, spricht er einen weiteren Lösungsansatz an. Die roten Blinklichter, die den Flugverkehr nachts vor dem Hindernis WEA warnen sollen, locken Fledermäuse und Zugvogelschwärme in den Tod. Die Technik ist vorhanden, diese Blinklichter nur dann angehen zu lassen, wenn sich wirklich ein Flugzeug oder Helikopter nähert. Den Rest der Zeit bleiben sie dunkel. Wer jedoch heutzutage nachts durch die europäischen Landschaften fährt, wird sehen, dass wir von von einem flächendeckenden Einsatz dieses Lösungsansatzes noch sehr weit entfernt sind.

Man darf nicht über grünen Wasserstoff sprechen und auch bei ihm den Fehler machen, den Artenschutz einfach auszublenden. Er soll ja gerade helfen, den Planeten so zu erhalten, wie wir ihn kennen. Momentan macht es den Eindruck, als würde ein verrückt gewordener *Homo industrialis* den Klimawandel nicht abwarten wollen, um die nutzlose, weil keinen Profit abwerfende Vogelwelt auszurotten. Er zerstört sie schon im Vorfeld mit seinen Autos und Eisenbahnen, immer neuen Glasfassaden, seinen Agrargiften, mit denen er nicht nur die Insektenwelt »plattmacht«, und seit neuestem auch mit Hilfe von Klimarettungsinstrumenten. So ziemlich alle sind hierzulande abgestoßen von südeuropäischen Flintenmännern und Leimrutenlegern, die auch noch dem letzten Zugvogel den Garaus zu machen trachten. Wenn die Schwärme jedoch im Windpark sterben, werden sie achselzuckend als Kollateralschaden zum Frommen unseres Lebensstils hingenommen.

Der Stoff,
aus dem die Wasser sind

»It's fire ... and it's crashing! It's crashing terrible! ...
It's burning and bursting into flames ...
this is the worst of the worst catastrophes in the world.«

Herbert Morrison (zum Absturz der LZ 129 »Hindenburg«)

Um die Thematik dieser Seiten richtig einordnen zu können, wollen wir uns mit einer Reihe von Fakten rund um das Thema Wasserstoff vertraut machen. Im Periodensystem liegt das denkbar einfach aufgebaute Element an prominenter erster Stelle. Es besteht aus einem Atomkern, den lediglich ein einziges Elektron umkreist. Die Wissenschaft hat festgestellt, dass Wasserstoff das am häufigsten in unserem Universum vorkommende Element darstellt. Demzufolge liegt sein Masseanteil bei 75 Prozent. In extrem verdünnter Form ist er überall im Weltraum anzutreffen. Zusätzlich existieren gewaltige Gaswolken aus Wasserstoff. Sterne wie unsere Sonne und Gasplaneten wie Jupiter oder Neptun bestehen zu großen Teilen aus Wasserstoff. Die Hitze unserer Sonne entsteht durch das sogenannte Wasserbrennen, bei dem aus Wasserstoff mittels Kernfusion Helium wird. Hierzu schreibt die Deutsche Physikalische Gesellschaft auf ihrer Webseite:

»Die Sonne besteht fast vollständig aus einem Plasma aus einfachem Wasserstoff (Protonen). In einem sehr langsam ablaufenden Prozess verschmelzen die Protonen miteinander unter Freisetzung von Energie. Dabei werden immerhin pro Sekunde 600 Mio. t Wasserstoff zu 595 Mio. t Helium verbrannt. Das entspricht der Leistung von etwa 2×10 hoch 16 Atomkraftwerken. Dennoch reicht der übrige Wasserstoff aus, um die Sonne für weitere 4 Mrd. Jahre zu betreiben.«

Die unkontrollierte Kernfusion kennen wir von der gefürchteten Wasserstoffbombe. Um die Temperaturen zu erreichen, die nötig sind, damit Wasserstoffatome zusammenschmelzen, werden bei dieser Höllenmaschine als Zünder mehrere Atombomben benutzt, die um eine Plutoniumhohlkugel gelagert sind. So wird eine Hitze von mehreren Millionen Grad erzeugt, bei denen das Wasserstoffisotop Deuterium und Lithium zur Fusion gebracht werden. Der ungarisch-amerikanische Physiker Edward Teller (1908–2003) gilt als Vater der *h-bomb*.

Die erste wissenschaftliche Bekanntschaft mit Wasserstoff machte die Menschheit wohl bereits in den Tagen von Theophrast Paracelsus (1493–1541). Auf der Suche nach dem Stein der Weisen fand der Alchemist heraus, dass ein brennbares Gas entsteht, wenn man Metalle in Säure auflöst. Er hielt dieses Gas jedoch fälschlicherweise für ein anderes, damals bereits bekanntes, entzündliches Gas: Kohlenmonoxid. Erst 125 Jahre nach dem Tod von Paracelsus, 1766, fand der britische Naturwissenschaftler Henry Cavendish (1731–1810) heraus, dass sich Wasserstoff in seiner Dichte von anderen Gasen unterschied. Bis zu diesem Zeitpunkt war Wasserstoff unter dem Namen *brennbares Prinzip* bekannt. Manche vermuteten in ihm sogar das ominöse Phlogiston, eine hypothetische Substanz, von der man annahm, dass sie allem Brennbaren entweicht, sobald Hitze in sie eindringt. Mit seinen Erkenntnissen über Wasserstoff war Cavendish einer der Totengräber der fast ein Jahrhundert lang allseits anerkannten Phlogistontheorie. Seit dem Ende des 18. Jahrhunderts gilt sie als das Paradebeispiel eines wissenschaftlichen Irrtums. Cavendish, der früh die Mutter verlor, galt unter seinen Zeitgenossen als ausgesprochener Exzentriker. Er war wortkarg, kleidete sich nach einer veralteten Mode und hatte ein schwieriges Verhältnis zu den weiblichen Angestellten seines Haushalts. Die meisten Ergebnisse seiner vielfältigen Experimente blieben zu Lebzeiten unveröffentlicht. Ihm verdanken wir neben dem Knallgasexperiment auch die Bestimmung der Gravitationskraft und der Masse der Erde. Er benannte den von ihm entdeckten Stoff *Inflammable Air*, was so viel wie *leicht entzündliche, brennbare Luft* bedeutet. Einige Jahre später fand man heraus, dass beim Verbrennen der *brennbaren Luft* Wasser entstand. Es war der Franzose Antoine Laurant de Lavoisier (1743–1794), jener Mann, dessen Forschungsergebnisse die Mediziner seiner Zeit dazu brachte, als Maßnahme gegen die Syphilis, massenhaft ihre Patienten mit Quecksilberpräparaten zu vergiften, der Cavendishs Entdeckung umtaufte auf den Namen *Hydrogen*, was auf Altgriechisch so viel wie »Wassererzeuger« bedeutet.

Wasserstoff kommt unter Normalbedingungen nur als H_2-Molekül vor. Um dies zu begreifen, müssen wir uns mit dem Modell der Kugelwolke vertraut machen. Es wurde von dem amerikanischen Quantenchemiker George Elbert Kimball (1906–1967) entwickelt. Seine Kugelwolke steht in Verbindung mit dem Atomkern eines jeglichen Elements. In ihr schwirren entweder ein oder zwei Elektronen herum. Schwirrt nur eines darin herum, ist sie also nur halb besetzt. Je mehr Elektronen ein Element besitzt, desto mehr Kugelwolken umgeben den Atomkern. Beim Wasserstoffatom ist es nur eine einzige, und die ist auch noch lediglich halb besetzt. Aus elektromagnetischen Gründen will sie aber voll sein und verbindet sich deshalb mit der des Nachbaratoms zu einer einzigen Kugelwolke mit zwei Atomkernen. Das H_2-Molkekül ist geboren.

Sein Molekulargewicht beträgt 2,016 g/mol. Man unterscheidet drei verschiedene Formen von Wasserstoffatomen: Protium, Deuterium und Tritium. Diese werden auch Isotope genannt und sind unterschiedlich schwer. Protium (1H), das 99,985 Prozent des weltweiten Wasserstoffvorkommens ausmacht, ist der leichte oder »normale« Wasserstoff. Sein Atom besteht aus einem Proton und einem Elektron. Deuterium (2H), der schwere Wasserstoff, dessen Rolle beim Bau der Wasserstoffbombe bereits erwähnt wurde, hat zusätzlich zum Proton ein Neutron im Atomkern. Tritium (3H), der überschwere Wasserstoff, der natürlich nur in verschwindend geringen Spuren vorkommt, besitzt zwei Neutronen und strahlt radioaktiv. Seine Halbwertszeit liegt bei 12,32 Jahren. Auf der Erde kommt Wasserstoff fast ausschließlich chemisch gebunden vor. Die häufigste Verbindung geht er bei uns mit Sauerstoff ein. Das H_2-Molekül hat sich mit einem Sauerstoffatom zu Wasser (H_2O) verbunden. Das Gewichtsverhältnis des H_2-Moleküls zum Sauerstoffatom liegt bei etwa eins zu acht.

Zusätzlich kommt Wasserstoff aber auch in sehr vielen Kohlenstoffverbindungen vor und ist somit nicht nur ein wichtiger Baustein im Puzzlekasten des Lebens, sondern auch Bestandteil fossiler Rohstoffe. Der Hauptbestandteil von Erdgas, Methan (CH_4) etwa, setzt sich aus vier Wasserstoffatomen und einem Kohlenstoffatom zusammen. Bei Diesel oder Benzin liegt der Anteil nur noch bei etwa zwei zu eins. Mit anderen Worten entstehen bei der oxidativen Verbrennung von Methan zwei Wassermoleküle und ein klimaschädliches Kohlendioxidmolekül (CO_2). Bei der Verbrennung der landläufigen Flüssigkraftstoffe hingegen fällt bei einem gleichen Wasserdampfanteil im Abgas die doppelte Menge CO_2 an. Auch Braun- und Steinkohle bestehen selbstverständlich nicht ausschließlich aus Kohlenstoff. Man redet vielmehr von hochmolekularen Kohlenwasserstoffen. Der Kohlenstoffanteil an der hochwertigen Steinkohle beträgt gewichtsmäßig je nach Einteilung über 50 Prozent, massemäßig liegt er bei über 70 Prozent.

Beim Gedanken an Wasserstoff fällt den meisten, kaum haben sie das Kopfkino einer H-Bombenexplosion im Pazifik hinter sich gelassen, direkt das nächste Horrorszenario ein: Der Untergang der Hindenburg. Das Luftschiff wurde in einer Epoche entwickelt, als die Statussymbole des Fortschritts und der industriellen Entwicklung gerne mit den Namen von Massenmördern bedacht wurden. Paul Ludwig Hans Anton von Beneckendorff und von Hindenburg (1847–1934) war der Prototyp des *dirty old Man*, der es sich auf seine alten Tage angelegen sein ließ, seine Hände mit dem Blut von Millionen zu besudeln. Nicht nur, dass er im Ersten Weltkrieg die Oberste Heeresleitung führte. In seiner Funktion als Reichspräsident der Weimarer Republik ernannte er am 30. Januar 1933 Adolf Hitler zum Reichskanzler. Bezeichnenderweise kam das Ende für die drei prominentesten Meisterwerke deutscher Ingenieurskunst, die den Namen des Feldmarschalls trugen, explosionsartig. Zu nennen sind die Hindenburgbrücke über

den Rhein, ein Flugzeug des Typs Junkers G 38 und schließlich das berühmte Luftschiff, dessen Auftriebskörper als Trag-
gas Wasserstoff enthielt.

Die Hindenburgbrücke war eine Stahlkonstruktion und
wurde errichtet mit dem Zweck, Frankreich zu überfallen. Im
Ersten Weltkrieg wurde folgerichtig ausgiebig von ihr Ge-
brauch gemacht, um Nachschub an die Front zu bringen. Im
Zweiten Weltkrieg waren es erst die Sprengkraft von amerikanischen Fliegerbomben und anschließend das Dynamit eines
Pionierkommandos der Wehrmacht, die ihr den Garaus machten. Die Amerikaner trachteten mit ihrer Aktion danach, das
deutsche Hinüberkommen über den Rhein zu verhindern. Die
Wehrmacht wollte dasselbe für die US Army erreichen. Letzter
Plan misslang bekanntlich, weil ein Stück weiter nördlich bei
Remagen, die Ludendorff-Brücke, ebenfalls nach einem der
großen Blutsäufer seiner Zeit benannt, den beidseitigen »Lie-
besbekundungen« standhielt und von amerikanischen Boden-
truppen eingenommen wurde.

Die Junkers G 38 war eines von zwei Prototypen, die zum
Transport von Waren und Passagieren entwickelt wurden und
1929 zum ersten Mal zum Einsatz kamen. Die viermotorigen
Maschinen waren seinerzeit *State of the Art* und brachen bereits
beim Jungfernflug diverse Rekorde. Sie konnte 5 000 Kilogramm Nutzlast transportieren und erreichte eine Höchstgeschwindigkeit von für damalige Verhältnisse sagenhaften
200,4 km/h. Tanks, Motoren und sogar ein Teil der Sitzplätze
fanden in den großdimensionierten Flügeln Platz. Diese Wun-
derwerke der Technik waren allerdings in der Herstellung so
teuer, dass es bei den beiden Prototypen blieb. Nachdem die
19 Passagiere fassende, D2500 »Generalfeldmarschall von Hin-

denburg« lange Jahre im Dienste der Lufthansa eine Reihe von deutschen Städten auf dem Luftweg miteinander verband, wurde sie im Krieg von den Nazis zwangsrekrutiert und zum Angriff auf Griechenland missbraucht. Eine britische Tieffliegerstaffel ließ sie bei einem Angriff auf den Athener Flughafen in Flammen aufgehen.

Aber es war ausgerechnet der zivil genutzte Zeppelin LZ 129 »Hindenburg«, dessen Ende mit Knalleffekt sich in das Kollektivgedächtnis der Menschheit eingegraben hat. Mit knapp 250 Metern Länge war es das größte Flugobjekt, das die Menschheit je gebaut hatte und Nazideutschlands ganzer Stolz. Es hatte Raum für 72 Passagiere, die in Kabinen mit fließend Warmwasser schliefen und von einem ganzen Schwarm von Crewmitgliedern umsorgt wurden. Auf den zwei bis zweieinhalb Tage währenden Transatlantikflügen, die mit 6 000 Reichsmark in etwa anderthalb durchschnittliche Jahresgehälter kosteten, wurden edle Speisen und erlesene Weine serviert. Sein 200 000 Kubikmeter Gas enthaltener Auftriebskörper aus Aluminiumgestänge war mit Wasserstoff gefüllt und enthielt auch die Fahrgasträumlichkeiten. Ursprünglich war eine Befüllung mit dem etwas schwereren, dafür aber nicht brennbaren Helium geplant. Doch dessen einziger Hersteller auf dem Weltmarkt, die USA, sträubten sich dagegen, das Edelgas an ein sich aufrüstendes Nazideutschland zu liefern, weil sie befürchteten, es könne zu militärischen Zwecken genutzt werden. Der Wasserstoff befand sich in einem komplizierten Kammersystem, das von einer spezialbeschichteten Außenhaut aus Baumwolle und Leinen umgeben war. Angetrieben wurde die Hindenburg von vier 16-zylindrigen Dieselmotoren. Die vierflügeligen Druckpropeller verliehen ihr eine Marschgeschwindigkeit von 125 Stundenkilometern.

Die Hindenburg flog nur etwas länger als ein Jahr. Auf dem 63. Flug, ausgehend von Frankfurt am Main, kam es am 6. Mai 1937 um 18:25 Uhr Ortszeit, bei der Landung in Lakehurst, im amerikanischen Bundesstaat New Jersey, zur Katastrophe. Die Fahrt war bis auf schlechte Wetterverhältnisse ohne besondere Ereignisse verlaufen. 61 Crewmitglieder kümmerten sich um das Wohl von 39 Passagieren. Nachdem Kapitän Max Pruss große Kreise ziehend einen Gewittersturm abgewartet hatte, brachte er das hakenkreuzgeschmückte Luxusluftschiff über dem Landemast in Position. Am Boden wartete eine Gruppe von Personal, deren Job darin bestand, die Landeseile aufzufangen. Sobald diese jedoch den Boden berührten, kam es zur Explosion. Die Verbrennung des Auftriebskörperinhalts dauerte nur knapp eineinhalb Minuten. Dreizehn Passagiere, 22 Mitglieder der Crew und ein Mann des Bodenpersonals kamen ums Leben. Die Opfer verbrannten oder starben an den Folgen eines Sprunges aus zu großer Höhe. Erstaunlich ist, dass 62 Menschen den Absturz aus immerhin 80 Metern Höhe überlebten. Problematisch bei der Bergung der Opfer war vor allem der in Brand geratene Dieseltreibstoff. Die Aufnahmen des Absturzes sind bis heute ein Meilenstein der Filmgeschichte, ebenso wie die Livereportage des Journalisten Herbert Morrison aus der Geschichte des Radios nicht wegzudenken ist.

Die Unglücksursache wurde nie endgültig geklärt. Sie reichen von einer Bombe an Bord bis hin zu Bodenbeschuss. Am wahrscheinlichsten ist, dass im Zuge eines Wendemanövers als Folge des stürmischen Wetters im Innern des Auftriebskörpers ein Kabel riss und eine Anzahl der Wasserstoffkammern beschädigte, sodass der Wasserstoff mit dem Sauerstoff der Umgebungsluft in Berührung kam. Die nassen Kabel bewirkten in der elektrisch aufgeladenen Gewitteratmosphäre bei Bodenkontakt eine Erdung und somit ein Elmsfeuer, das den Wasserstoff zum Entzünden brachte.

Obwohl die Hindenburg beileibe nicht der erste und auch nicht der letzte Unglückszeppelin war – bereits 1930 kamen beim Absturz des britischen R101 in der Nähe von Paris 48 der 54 sich an Bord befindenden Menschen durch die Wasserstofffeuerwalze ums Leben –, so markierte ihr Untergang nicht nur das Ende der Verkehrsluftfahrt, sondern war insgesamt ein Schlag ins Kontor für den Gebrauch reinen Wasserstoffs im Transportwesen. Seither gilt die Wasserstofftechnologie im Bewusstsein der Menschheit als unberechenbar, schwer beherrschbar und gefährlich. Dabei darf man nicht übersehen, dass die oben erwähnten Vorgänge sich zu einer Zeit abspielten, als sich die Wissenschaftler förmlich überschlugen vor Begeisterung über das kleinste Atom, den Urbaustein des Kosmos, den Stoff aus dem eben nicht nur das Wasser ist.

Die Verbindung von Wasserstoff mit Kohlenstoff, Kohlenwasserstoff genannt, ist zwar einerseits die simpelste in der organischen Chemie, andererseits jedoch unglaublich vielfältig, weil die Moleküle von unterschiedlichster Zusammensetzung, Struktur und Größe sein können. Erwähnenswert an dieser Stelle ist die Ringstruktur des Benzols. Der Stoff, der ursprünglich als Nebenprodukt der Koksproduktion erhalten wurde, ist heute aus der petrochemischen Industrie nicht wegzudenken und liefert den Ausgangspunkt zu einer Vielzahl von Farben, Arzneimitteln, Pestiziden und Kunststoffen. Zudem ist er in Benzin enthalten. Entdecker der Ringstruktur des Benzols war ein deutscher Chemiker namens August Friedrich Kekulé aus Darmstadt. Kekulé hieß ursprünglich Kekule, den Akzent setzte er erst während seiner Lehrtätigkeit in Gent. Zu groß war wohl die Versuchung für seine französischsprachigen Schüler, ihn »Kekül« zu nennen und hinter seinem Rücken Witzchen zu reißen über die Endsilbe, die im Französischen genauso ausgesprochen wird wie *cul* (Arsch). Dieser illustre Gelehrte, der mit seiner Entdeckung sogar die Psychoanalytiker beschäftigte, behauptete 1890 in einem Traktat, folgenden Traum gehabt zu haben: Er saß im Halbschlaf in seinem Lehnstuhl und sah »Gebilde von mannigfacher Gestaltung ... Alles in Bewegung, schlangenartig sich windend und drehend. Eine der Schlangen erfasste den eigenen Schwanz und höhnisch wirbelte das Gebilde vor meinen Augen.«[4]

So »erträumte« sich Kekulé die Ringstruktur des Benzolmoleküls.

Psychoanalytiker die sich mit der Traumdeutung auskennen, nehmen an, dass Kekulé diesen Traum einfach erfunden hatte. Sie weisen darauf hin, dass der Wissenschaftler als junger Mensch Zeuge eines Mordes wurde, bei dem das Opfer verbrannte. Im anschließenden Prozess spielte ein Ring der ermordeten Person eine bedeutende Rolle, der zwei sich in den Schwanz beißende Schlangen symbolisierte. Ausgerechnet Kekulé, der den Hohn seiner Mitmenschen so schlecht ertragen konnte, wurde durch die – dem Zeitgeist geschuldete – Präsentation seiner Entdeckung von neidischen Kollegen zum Ziel öffentlichen Gespötts gemacht. So persiflierte die Gesellschaft Deutscher Chemiker im Zuge eines Bierabends, Kekulés Veröffentlichung mit der Darstellung von sechs sich an Händen und Füßen fassender Affen. Von Bedeutung hierbei ist die Zahl sechs. Das ringförmig strukturierte Benzol-Molekül setzt sich nämlich aus sechs Kohlenstoffatomen zusammen, die an ebenso vielen Wasserstoffatomen andocken.

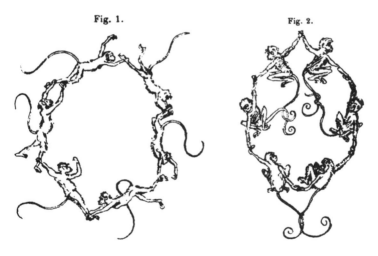

Wenn Chemiker Bier trinken und lustig werden... [5]

Einige Jahre nach dem Traum von Kekulé zu Beginn des zwanzigsten Jahrhunderts kam unter Wissenschaftlern die

Hydrierung zur Herstellung synthetischer Kraftstoffe in Mode. Hierbei werden Wasserstoffatome unter hohem Druck und hohen Temperaturen mittels eines Katalysators an eine Kohlenstoffdoppelbindung gekoppelt. Unter anderem ist die Hydrierung für die Herstellung von Margarine maßgeblich. Bei dem Brotaufstrich wird der chemisch eingebaute Wasserstoff zur Härtung von Pflanzenölen genutzt. Ihr Erfinder, Wilhelm Normann (1870–1939), stammte aus Niedersachsen.

Zwei andere Methoden der Hydrierung, die zu dieser Zeit von deutschen Chemikern entwickelt wurden, waren indes von eher zweifelhaftem Nutzen für das Wohl der Menschheit im Speziellen und unseres Planeten im Allgemeinen. Die Rede ist von der Fischer-Tropsch-Synthese und dem Bergius-Pier-Verfahren. Während Normann mit seiner Erfindung Flüssiges hart machte, geht es bei letzteren beiden Hydrierungen darum, etwas Hartes – nämlich Kohle – in Flüssigkeit zu verwandeln.

Den Chemiker Friedrich Bergius (1884–1949) und seinen Kollegen Matthias Pier (1882–1965) einte die Begeisterung für Adolf Hitler. Er war es nämlich, der ihr vollkommen unwirtschaftliches Verfahren erst durch Schutzzölle künstlich am Leben hielt und anschließend zum kriegswichtigen, rüstungsstrategischen Rohstoff erklärte. Die Nazis waren die Einzigen, die das von den beiden Chemikern gemeinsam entwickelte Verfahren zum Umwandeln von Kohle in synthetisches Benzin, flächendeckend anwandten. Die Herstellung von Kraftstoffen aus dem bereits flüssigen Erdöl ist, wie sich unschwer erraten lässt, weit weniger aufwendig und weitaus billiger. Um Wirtschaftlichkeit ging es den Nazis bei ihrem Schlachtzug durch Europa aber nicht wirklich. Für den Betrieb ihrer Kriegsmaschinerie brauchten sie Kraftstoff. Da Ölquellen in

Deutschland rar gesät sind, mussten Alternativen her. Man kann also mit Fug und Recht behaupten, dass Bergius und Pier mit ihrer Erfindung dazu beigetragen haben, die Tragödie des Zweiten Weltkriegs überhaupt erst möglich zu machen. Dazu passt, dass Matthias Pier während des Krieges bei der IG Farben in der Funktion eines Direktors tätig war. Friedrich Bergius erhielt 1930 den Nobelpreis für Chemie.

Grob vereinfacht, geht es bei dem komplizierten Verfahren in einem ersten Schritt darum, durch Kohlevergasung unter Einsatz von klein gemahlener Kohle, Wasser und Sauerstoff in einem sogenannten Winkler-Generator reinen Wasserstoff zu gewinnen. In einem zweiten Schritt wird dieser Wasserstoff unter dem enorm hohen Druck von bis zu 700 bar und bei einer Temperatur von rund 500 Grad Celsius unter Beigabe eines Katalysators mit Kohlebrei in Verbindung gebracht. Aus den hierbei gewonnenen Kohlenwasserstoffen wurde in einem letzten Schritt, der sogenannten Gasphasenhydrierung oder Benzinierung, das fertige Benzin erstellt. Das erste Hydrierwerk, das nach dem Bergius-Pier-Verfahren funktionierte, wurde 1926 von der IG Farben in Leuna in Betrieb genommen. Die Leuna-Werke bescherten dem Chemiekonzern hohe Verluste. 1932 kam es zu einem Treffen der beiden, später in den Nürnberger Kriegsverbrecherprozessen angeklagten IG-Farben-Direktoren Heinrich Bütefisch (1894–1969) und Heinrich Gattineau (1905–1985) mit Adolf Hitler. Sie bekamen von ihm die Zusage, im Falle einer Machtübernahme die Kohleverflüssigung durch Mindestpreisgarantien zu unterstützen. Bald schon sollte sich die anfängliche Fehlinvestition anständig auszahlen – der Preis, den die Welt dafür zu zahlen hatte, war indes überaus hoch. Bütefisch, der die Treibstoffherstellung in Auschwitz zu verantworten hatte, wurde in Nürnberg zu sechs Jahren Haft verurteilt, Gattineau mangels Beweisen freigesprochen.

Doch Bütefisch, Pier und Bergius waren nicht die einzigen Nazi-Chemiker, die an künstlichen Wasserstoff-Kohlenstoffverbindungen bastelten. Die Konkurrenz schlief nicht. Auch die von Franz Fischer (1877–1947) und Hans Tropsch (1889–1935) in den zwanziger Jahren ersonnenen Fischer-Tropsch-Synthese war darauf angelegt, aus Kohle mittels Hydrierung einen flüssigen Treibstoff herzustellen. Auch das Syntheseprodukt einer sogenannten indirekten Hydrierung erlangte unter dem Namen Kogasin (*Ko*ks – *Gas* – Ben*zin*) im Zweiten Weltkrieg traurige Berühmtheit. Bis Kriegsende errichtete die Ruhrchemie AG neun Werke, die nach dem ebenfalls völlig unwirtschaftlichen Verfahren arbeiteten. Es wundert nicht, dass ausgerechnet das Apartheitsregime Süd-Afrikas nach dem Zweiten Weltkrieg weiter auf diese Technik setzte. Durch gnadenlose Ausbeutung der schwarzen Kumpels gelang es der Firma SASOL (*South African Synthetic Oil Limited*) ab den fünfziger Jahren, ein halbwegs konkurrenzfähiges Produkt mittels Fischer-Tropsch-Synthese zu erstellen, das vor allem während der Wirtschaftssanktionen gegen das rassistische Regime Bedeutung erlangte. Neuerdings wird die Methode angewandt, um aus Biomasse, wie etwa Holz, Biodiesel herzustellen. Die ungute Tradition, in die sich der mehr als umstrittene Biosprit damit stellt, spricht für sich.

Natürlich können auch anorganische Verbindungen, Stoffe also, bei denen das Kohlenstoffatom keine Rolle spielt, durch Hydrierung entstehen. Die Liste ist lang und würde den Rahmen dieses Buches sprengen. Wer jedoch über forschende Nazis in Sachen Wasserstoff schreibt, kommt an zwei weiteren deutschen Chemienobelpreisträgern nicht vorbei: Fritz Haber und Carl Bosch. Das Haber-Bosch-Verfahren ist ein großtechnisches Verfahren der Ammoniaksynthese.

Werfen wir zunächst einen Blick auf ihre Formel:

$$N_2 + 3H_2 \rightarrow 2NH_3$$

Zwei Stickstoffatome verbinden sich mit sechs Wasserstoffatomen zu zwei Ammoniakmolekülen. Ammoniak braucht man für die Herstellung solch nützlicher Dinge wie Kunstdünger und Sprengstoff. Mittels eines eisenhaltigen Katalysators werden unter dem enormen Druck von bis zu 350 bar und bei Temperaturen von 400 bis 500 Grad Celsius Stickstoff und Wasserstoff zur Reaktion gebracht. Die Luft, die wir atmen, besteht zu etwa 80 Prozent aus Stickstoff. Diese unerschöpfliche Quelle verstanden die beiden Wissenschaftler, mit ihrem Verfahren anzuzapfen und so der Pflanzenwelt einer industrialisierten Landwirtschaft zugänglich zu machen. Über die Nebenwirkungen der einst euphorisch als *Brot aus der Luft* gefeierten Düngemittelerzeugung brauche ich mich an dieser Stelle ebenso wenig auslassen wie über die Tragödien, die mittels Sprengstoff an die Menschheit ausgeteilt werden. Erwähnenswert ist an dieser Stelle immerhin, dass Ammoniak auch als relativ umweltfreundliches und billiges Kühlmittel von Bedeutung ist.

Weltweit werden pro Jahr rund 200 Millionen Tonnen Ammoniak nach dem Haber-Bosch-Verfahren gewonnen. So weit so gut, mag man denken. Immerhin klingt es so, als wäre das Zeug wenigstens klimaneutral. Kohlenstoff kommt in der Formel ja gar nicht vor, mithin also auch nicht das notorische

Kohlendioxid CO_2. Doch so einfach ist es nicht. Für das Haber-Bosch-Verfahren wird der benötigte Wasserstoff nämlich nicht selten mittels Dehydrierung von Erdöl und Erdgas gewonnen. Außerdem ist das Verfahren äußerst energieintensiv. Es zeichnet sich heutzutage verantwortlich für etwa zwei Prozent des weltweiten Energiebedarfs. Pro produzierter Tonne Ammoniak sind deshalb heutzutage eineinhalb Tonnen CO_2 fällig. Mithin gibt es auch hier gigantische Einsparmöglichkeiten, falls der sogenannte »grüne Wasserstoff« zum Einsatz kommt.

An dieser Stelle wird es Zeit für eine Unterscheidung: »Grauer Wasserstoff« wird aus fossilen Energieträgern chemisch abgezwackt, »Grüner Wasserstoff« hingegen mit Hilfe regenerativer Energien gewonnen, wie beispielsweise den Windrädern des Jürgen Fuhrländer, die einmal überschüssigen Windstrom per Elektrolyseur in Form von Wasserstoff speichern und veredeln sollen. Wie sich unschwer erraten lässt, ist nur der »grüne Wasserstoff« für eine konsequente Umsetzung von Klimaschutzzielen interessant. Leider liegt sein Anteil an der weltweiten Produktion derzeit bei unter fünf Prozent.

Fritz Haber (1868–1934) erhielt für seine Errungenschaften im Bereich der Ammoniaksynthese im Jahr 1918 den Nobelpreis für Chemie. Während des Ersten Weltkriegs war er der wissenschaftliche Verantwortliche für die deutsche Giftgasproduktion. Höchstpersönlich überwachte er im Frühjahr 1915 beim ersten deutschen Gasangriff bei Ypern den Einsatz des von ihm entwickelten Haber'schen Blasverfahrens, mit dem über 150 Tonnen Chlorgas in die gegnerischen Gräben geblasen wurden. Ausgerechnet der Planer des Gaskrieges war mit der Frauenrechtlerin Clara Immerwahr (1870–1915) verehelicht. Die

Tochter eines promovierten Chemikers war eine der ersten Frauen überhaupt, denen es gelang, in Deutschland die Doktorwürde zu erringen. Aus Verzweiflung über das Treiben ihres Mannes wusste sie keinen anderen Ausweg, als den Freitod zu wählen. Haber war aber nicht nur ein Genie, was das Vergiften seiner Mitmenschen anging. Nach dem Krieg rückte er als Gründer der *Deutschen Gesellschaft zur Schädlingsbekämpfung* (Degesch) mit Blausäurepräparaten der Insektenwelt zu Leibe. Auf Basis dieser Präparate wurde später Zyklon b entwickelt, das es in den Gaskammern von Auschwitz zu trauriger Berühmtheit brachte. Der glühende Nationalist, der ab 1925 im Aufsichtsrat der IG Farben saß, hatte bei allem Erfolg, ein Problem mit seiner Herkunft. Er war Jude. Seine Konvertierung zum christlichen Glauben half ihm nicht viel, als 1933 die Arierparagraphen griffen. Er starb als Ausgestoßener an einem eisigen Januartag in der Schweiz auf seinem Weg nach Palästina.

Carl Bosch (1874–1940) erhielt 1931 den Nobelpreis gemeinsam mit Friedrich Bergius für die »Entdeckung und Entwicklung chemischer Hochdruckverfahren«. Der Mann, der ab 1935 den Aufsichtsratsvorsitz der IG Farben innehatte, war nie ein Mitglied der NSDAP. Seine anfänglichen Zweifel an der Person Adolf Hitlers (»Den braucht man ja nur anzusehen, um Bescheid zu wissen.«) sollten sich relativieren, als die Nazis für sein persönliches Fortkommen und die finanzielle Absicherung seiner Arbeit Bedeutung erlangten. Als er Hitlers Aussage vernahm, synthetischer Treibstoff sei »für ein politisch unabhängiges Deutschland zwingend notwendig«, hörte er wohl heimlich bereits die Kasse klingeln. Carl Boschs Kommentar zu dem unheilverkündenden Spruch lautete: »Der Mann ist ja vernünftiger, als ich dachte.«[6]

Wie man sieht, kann mit Wasserstoff allerlei Unfug angefangen werden. Weltweit werden jährlich circa 500 Milliarden Kubikmeter Wasserstoff hergestellt. Mit 55 Prozent benötigt die Ammoniaksynthese den Löwenanteil davon. 25 Prozent entfallen auf Erdölraffinerien. Beim »Hydrotreating« wird dem Schweröl unerwünschter Schwefel entzogen. Beim »Cracking« hingegen geht es darum, die Ausbeute und die Kraftstoffqualität zu erhöhen, indem man mit Hilfe von H_2 und einem Katalysator langkettige Kohlenwasserstoffe in kürzerkettige umwandelt und gleichzeitig Verunreinigungen beseitigt. Der bei der sogenannten Bezinreformierung gewonnene Wasserstoff reicht hierfür allerdings nicht aus. Daher behilft sich die Petrochemie mit Erdgasreformierung. Im emsländischen Lingen betreibt BP eine Raffinerie, die in Zusammenarbeit mit Audi den Einsatz von »Windwasserstoff« testet. Große Mengen des Offshore produzierten Windstroms verpuffen nämlich ungenutzt, da derzeit am Ende des zweiten Jahrzehnts im neuen Jahrtausend in Deutschland immer noch die Netze mit billiger Elektrizität aus der Kohleverstromung blockiert werden. Die Petrochemie nutzt dankbar die Chance für ein klein wenig *greenwashing*. Weitere zehn Prozent der globalen Wasserstoffproduktion werden für die Herstellung von Methanol genutzt. Der giftige »Holzalkohol« trägt neben einem Sauer- und einem Kohlenstoffatom, vier Wasserstoffatome in seiner Molekülstruktur. Der auch in der Natur vorkommende Stoff kann katalytisch aus Kohlenmonoxid und Wasserstoff gewonnen werden und ist ein wichtiger Grundstoff für die petrochemische Industrie. Es verbleiben immerhin zehn Prozent »sonstiger Nutzung«, zu der auch die energetische Verwendung im Transportwesen und die Gebäudebeheizung gehören.

Lange Zeit hielt man Wasserstoff für ein permanentes Gas, das seinen Aggregatzustand nicht wechseln kann. Wasserstoff in flüssiger oder gar fester Form galt als unmöglich. Und doch hat er einen Siedepunkt. Er liegt unter normalen Druckverhältnissen bei unvorstellbar kalten, minus 252,76 °C, nicht weit entfernt von dem absoluten Temperaturminimum, minus 273,15°C. Dieser Stoff wird in der Fachwelt – abgeleitet aus dem englischen *liquid hydrogen* – LH_2 genannt. H_2 kommt aber in noch zwei weiteren Aggregatzuständen vor. Einmal als Plasma und zum anderen als sogenannter *Slush,* einer Art Wasserstoffmatsch. Als Plasma kommt H_2 nicht nur hochverdünnt im gesamten Weltall vor, sondern auch innerhalb der Sonnen und höchstwahrscheinlich sogar im Inneren unseres Planeten Erde. Aus Wasserstoffplasma hingegen ist der Menschheitstraum, mittels kontrollierter Kernfusion das Feuer der Sterne nachzubauen und dadurch Energie in unbegrenzter Menge zur Verfügung zu haben. Die Hürde bei diesem Unterfangen liegt darin, hauptsächlich »schweren Wasserstoff«, wie die beiden in der Natur extrem selten vorkommenden Isotope Deuterium und Tritium auch genannt werden, auf viele Millionen Grad Celsius zu erhitzen. 2016 gelang dies zum ersten Mal für die Zeit von etwa einer halben Sekunde in der Greifswalder Kernfusion-Forschungsanlage *Wendelstein 7-X.* Es war einer von Angela Merkels großen Momenten als Kanzlerin der Physik, in Greifswald den Knopf zu drücken, der die Weltpremiere einläutete. Glaubt man den Prognosen der Wissenschaft, wird *homo industrialis* sich ab Mitte dieses Jahrhunderts in der Lage befinden, mittels Kernfusion aus vier Eimern Wasser etwa so viel Energie zu erzeugen, wie heutzutage mit 40 Tonnen Kohle gewonnen wird.

Kommen wir zum *Slush*. Als Schüler wurde mir das Privileg zuteil, ein Austauschjahr an einer amerikanischen Highschool absolvieren zu dürfen. Auf die Art kam ich nach Denver, Colorado und begab mich in die Obhut einer liebevollen Gastfamilie. Ich besuchte die East High und hatte eine vergnügliche Zeit. Meine Gastschwester übernahm es, mich mit den Eigenheiten der amerikanischen Kultur vertraut zu machen. Sie war es, die mir mein erstes *Slush* spendierte. Der »Schneematsch« befand sich in einem gekühlten Plexiglasbehälter und wurde mittels eines rotierenden Rührgeräts in der erforderlichen Konsistenz gehalten. Das Zeug besaß die Farbe eines Schlumpfes, schmeckte ekelhaft nach künstlichen Aromastoffen und war obendrein viel zu süß. Da lobe ich mir doch eine italienische *Granita*. Anders als sein an Gestein erinnernder Name vermuten lässt, hat es dieselbe Konsistenz wie *Slush*, schmeckt aber deutlich besser. Von Wasserstoffslush zu naschen, ist hingegen in jeglicher Form abzuraten. Der ist zwar höchstwahrscheinlich absolut geschmacksneutral, aber mit -259°C einfach zu kalt. Gerade einmal sechs Grad machen den Unterschied zu flüssigem Wasserstoff. In diesem tiefen Temperaturbereich ist jedes Grad eine äußerst teure und komplizierte technische Herausforderung. *Slush* hat gegenüber LH_2 eine um circa 25 Prozent höhere Dichte und ein dem entsprechend höheres Energiepotenzial. Heutzutage wird dieses bereits in der Raumfahrttechnologie genutzt. Die europäische Trägerrakete Ariane 5 verbrennt in ihrer Hauptbrennstufe ein Gemisch aus flüssigem und festem Wasserstoff. Das Patent für diesen Treibstoff wurde von der österreichischen Firma Magna Steyr angemeldet. Die Österreicher machten sich bei der Entwicklung Erfahrungen aus der Kunstschneeproduktion zu Nutze. Ähnlich wie in einer Schneekanone werden die

Slush-Kristalle auf eine bestimmte Größe gebracht, um eine optimale Fließfähigkeit zu gewährleisten.

Womit wir thematisch gewissermaßen wieder beim Anfang dieses Kapitels angelangt wären: dem Streben des Menschen, sich selbst, beziehungsweise Produkte seines Erfindungsreichtums, in die Lüfte zu erheben. Wie so oft war auch hier der Krieg der Vater der technischen Entwicklung. Bereits im Jahr 1849 ersann Baron Franz von Uchatius (1811–1881) – wiederum ein Österreicher – bei der Belagerung von Venedig das Konzept der Ballonbombe. Mit Wasserstoff befüllte Papierballons sollten ihre Bombenlast in die für Geschützfeuer zu weit entfernte Lagunenstadt tragen. Die Zündung der Bomben erfolgte über eine langsam abbrennende Zündschnur. Der Vernichtungseffekt dieser Höllenmaschinen war eher gering, weil küselnde Winde sie in alle möglichen Himmelsrichtungen trugen, nur nicht zu den Palästen der Dogen und Kaufleute. Immerhin explodierte einer der Sprengkörper in Murano. Wie viel Glas dabei zu Bruch ging, ist unbekannt. Die psychologische Wirkung auf die Kampfmoral der Venezianer indes war beträchtlich. Am 2. August, zermürbt von den am Himmel schwebenden Bomben, kapitulierte die Stadt.

Im Zweiten Weltkrieg besannen sich sowohl Japan als auch Großbritannien auf das Konzept. Die Briten schickten im Zuge der *Operation Outward* nahezu hunderttausend Wasserstoffballons über den Ärmelkanal, die entweder ein Stahlseil zur Zerstörung von Oberleitungen oder Brandsätze zum Entfachen von Waldbränden nach Nazideutschland tragen sollten. Die Japaner ließen Ballonbomben aufsteigen, um flugzeugträgergestützte amerikanische Bomberangriffe zu beantworten. Auch bei diesen Einsätzen war die Trefferquote gering, die psychologischen Resultate indes nicht zu unterschätzen. Militärisch wirklich wirksam waren die an Stahlseilen befestigten Wasserstoffballons, mit denen die Briten ihre Industrieanlagen während des Luftkrieges vor deutschen Bomberangriffen schützten.

Wenig später, in den 1950er-Jahren, ging es wieder darum, mit Hilfe von Wasserstoff Bomben zu transportieren – diesmal jedoch an Bord eines der ersten Düsenjets, des B-57 Bombers der US Air Force. Bereits der Erfinder des Strahltriebwerks, Hans Joachim Pabst von Ohein (1911–1998), hatte 1937, im Jahr des Hindenburg-Unglücks, seine weltweit erste Gasturbine mit Wasserstoff getestet. Doch es waren die Amerikaner, die sich als Erste trauten, mit LH_2 im Tank wirklich abzuheben.[7] Auch die Russen zogen nach. 1988 wurde in der UdSSR eine Tupolew 154 entsprechend umgebaut, sodass ihr linkes Triebwerk mit LH_2 betrieben wurde. Eigentlich ging es den Sowjets bei diesem Experiment darum, die Möglichkeit zu eruieren, ein Passagierflugzeug mit Erdgas betreiben zu können. Der Betrieb mit Flüssigwasserstoff war nur eine Zwischenstufe. Am Ende klappte beides. Der auf Tupolew 155 umgetaufte Prototyp absolvierte seinen Jungfernflug mit Flüssigwasserstoff am 15. April 1988. Der Erstflug mit Erdgasantrieb folgte am 18. Januar 1989.

Der Vorteil von LH_2 gegenüber herkömmlichen Kerosin: Es hat einen um den Faktor 2,8 höheren Verbrennungswert. Das heißt mit anderen Worten, dass 36 Prozent der Masse von LH_2 ausreichen, um dieselbe Leistung zu erzielen, die ein Triebwerk erzeugt, das mit Kerosin gefahren wird. Gasturbinen lieben Wasserstoff, weil er so absolut sauber verbrennt. Die Möglichkeit, mit »grünem« Wasserstoff die CO_2-Bilanz des vielgeschmähten Luftverkehrs zu verbessern, sind also gewaltig. Die Crux an der Geschichte ist lediglich das wesentlich höhere Volumen von LH_2 gegenüber Kerosin. Bei gleicher Energieleistung ist es etwa viermal so groß. Es müssten also Passagiermaschinen gebaut werden, deren gewaltige Tanks auf Kosten der Zahl der Passagiere gingen. Dieser Nachteil relativiert sich ein wenig angesichts der Tatsache, dass der darin enthaltene Flüssigwasserstoff ein wesentlich geringeres Gewicht als der herkömmliche Treibstoff hätte.

Das Jahr 1990 brachte den Deutschen die Wiedervereinigung, der Sowjetunion den wirtschaftlichen Zusammenbruch und der Welt das Ende des Kalten Krieges. Plötzlich zum Freund geworden, zeigte das um fünf Bundesländer gewachsene Deutschland Interesse am russischen Wasserstoffflugzeug. Man einigte sich auf eine Zusammenarbeit und begann mit Studien auf Basis des Airbus 310. Das Projekt bekam den Namen *Cryoplane* verpasst, was so viel wie Kühlflugzeug heißt und sich auf die niedrigen Temperaturen von LH_2 bezieht. Von 2000 bis 2002 kooperierten elf Mitgliedstaaten der EU unter Federführung von Airbus, ausgestattet mit einem an der Bedeutung des Projekts gemessenen, eher mageren Budget von 4,5 Millionen Euro, an der Forschung zu Cryoplane. Man kam zu dem Ergebnis, dass Cryoplane ohne weiteres technisch machbar sei. Auch die zu erwartende Steigerung der Betriebskosten von vier bis fünf Prozent hielt sich im Rahmen. Was die Sicherheit angeht, wäre das Cryoplane herkömmlichen Fliegern sogar überlegen, weil Wasserstoff durch seine Leichtigkeit allein nach oben entweicht. Im Falle einer Bruchlandung käme es nicht zur gefürchteten Kerosinlache, die sich unter dem Flugzeug bildet und die Absturzstelle in ein Flammenmeer verwandelt. Trotzdem wurde das Projekt nach seinem Abschluss heimlich, still und leise in der Schublade versenkt, unter anderem mit dem Hinweis darauf, dass der für eine Realisierung des Cryoplane benötigte »grüne« Wasserstoff in absehbarer Zeit nicht zur Verfügung stehen würde. Diese Entwicklung ist für das Wohl unseres Planeten vor allem deshalb besonders tragisch, weil der Flugverkehr das Klimagas Kohlendioxid genau dort produziert, wo es am meisten Schaden anrichtet: in unserer Atmosphäre.

Aber die Wasserstoffpioniere unter den tollkühnen Männern in ihren fliegenden Kisten geben nicht auf. Als es nichts wurde mit dem Einsatz von LH2 im großen Düsenvogel, haben sie ihr Interesse dem Kleinflugzeug zugewandt, das elektrisch von einer Brennstoffzelle angetrieben wird. Die Antares DLR-H2 war das erste bemannte Flugzeug, bei dem von den Ingenieuren des Deutschen Zentrums für Luft- und Raumfahrt (DLR) komplett auf diese Technologie gesetzt wurde. Am 7. Juli 2009 gelang sein Erstflug. Der Motorsegler verfügt über eine Spannweite von zwanzig Metern, ein Leergewicht von circa 460 Kilogramm und eine Reichweite von über 750 Kilometern. Er erreicht eine Höchstgeschwindigkeit von 170 km/h.

Der Erstflug des Nachfolgemodells Antares H3 wurde für das Jahr 2011 geplant. Leider wurde ihm das Schicksal zuteil, auf immer am Boden bleiben zu müssen. Zu groß waren die Ambitionen und mit ihnen die technischen Herausforderungen. Sein Erschaffer, der Techniker Axel Lange, wurde nach dieser Pleite von Projektleiter Josef Kallo gefeuert.

Mit der HY4 wagte Kallo einen Neuanfang. Die Doppelrumpfkonstruktion ist in der Lage, vier Personen zu befördern. Ihre Brennstoffzelle wird bei Start und Steigflug zur Leistungssteigerung von einer Lithium-Ionen-Batterie unterstützt. Die HY4 erlebte ihren Erstflug am 29. September 2016. Je nachdem, ob ihr Tank mit 350 bar oder mit 700 bar Druck betankt wird, erzielt sie eine Reichweite von 750 beziehungsweise 1500 Kilometern. Ihre Reisegeschwindigkeit liegt bei rund 150 km/h, die Höchstgeschwindigkeit bei 200 km/h. Leer wiegt sie 650, voll 1500 Kilogramm.

Auch Boeing experimentiert mit LH_2. Neben einem bemannten Elektroflugzeug auf Basis einer *Diamond HK36*, das im Februar 2008 mit einer Brennstoffzelle und einer Lithium-Ionen-Batterie das erste Mal startete, gilt das Interesse der amerikanischen Flugzeugbauer dem militärischen Einsatz einer unbemannten Drohne zu Überwachungs- und Aufklärungszwecken. Die *Phantom Eye* ist mit einem Wasserstoffverbrennungsmotor ausgestattet und soll in der Zukunft mit einem vier Maschinen umfassenden System vierundzwanzig Stunden am Tag, sieben Tage die Woche einsatzfähig sein.

Das Feuer des Wassers

>*»Während sie verhandelten, gab der*
Häuptling der Bleichgesichter dem roten Krieger
Feuerwasser zu trinken.«

Karl May

»Woher kommt eigentlich das Wasser?«
Diese Frage bekomme ich von Zeit zu Zeit von meinem Vater gestellt. Ich weiß keine Antwort. Es existieren Vermutungen, dass das Wasser auf der Erde von Kometen stammt – großen Brocken aus Staub und Eis vom Rande des Sonnensystems – und als die Erde noch ein Feuerball war, mit dieser verschmolzen. Bei diesen galaktischen Treffern, wird es wohl ordentlich Rumms gemacht haben. Der glühende Planet verwandelte das Eis der Kometen in Wasserdampf, der sich über Vulkanismus einen Weg nach draußen in die Atmosphäre suchte. Anders als beispielsweise der Mond oder der Merkur, die auch von Kometen getroffen wurden, besaß die Erde genug Schwerkraft, um austretende Gase bei sich zu halten. Bei ihren kleineren Brüdern hingegen entwichen sie einfach ins Weltall. Als die Erde abkühlte und die Erdkruste sich zu bilden begann, es regnete erst mal eine ganze Weile. Es regnete so lange, bis sich Wasserschichten von bis zu zehn Kilometern Höhe gebildet hatten.

Das sind Vermutungen, wie gesagt. Sollten sie stimmen, sagen sie noch lange nichts darüber aus, woher wiederum das Wasser in diesen Kometen stammt. Auf diese Frage gibt es keine befriedigende Antwort. Ich sage meinem Vater dann immer:

»Ist ja eigentlich auch egal. Hauptsache, es ist da.«

Wie wir ja bereits wissen, bestehen rund 75 Prozent der Materie des Universums aus Wasserstoff. Trotzdem ist die Erde der einzige Planet unseres Sonnensystems, auf dem es Meere auf der Oberfläche gibt. Irgendwo da draußen feierten die Atome zweier ganz besonderer Elemente, nämlich Wasserstoff und Sauerstoff, ein intergalaktisches Hochzeitsfest und wurden zu Wasser. Bei dieser Hochzeit muss es hoch hergegangen sein. Die Vereinigung der beiden Atome setzt, wie wir wissen, jede Menge Energie frei.

Man kann schlecht über Wasserstoff schreiben, ohne dabei die wunderbare Substanz Wasser gebührend zu würdigen. Was macht Wasser so besonders, dass von der Anomalie des Wassers gesprochen wird? Warum ist das Element des Lebens so einzigartig unter den Stoffen? Auf diese Frage hat der Mensch die Antwort gefunden: Sie heißt Wasserstoffbrückenbindung. Das Bandwurmwort ist es wert, im Gedächtnis behalten zu werden. Auch wenn es erst mal kompliziert klingt, so ist die Sache in Wahrheit so genial wie einfach: Das Sauerstoffatom und die beiden Wasserstoffatome sind so unterschiedlich elektromagnetisch geladen, dass man wie beim klassischen Hufeisenmagneten aus dem Physikbaukasten von einem Nord- und einem Südpol spricht. Das Sauerstoffatom ist der Nordpol. Er zieht die beiden Elektronen der Wasserstoffatome nahe an sich heran. Gleichzeitig wirkt er aber auch magnetisch auf die Wasserstoffelektronen des Nachbarmoleküls. So geschieht es, dass sich alle Moleküle perfekt in eine Richtung ausrichten. Im Periodensystem wird der Wert des Elektronegativität der Elemente in Zahlen angegeben. Er beträgt bei Sauerstoff (O) 3,44 und bei Wasserstoff (H) 2,20. Gemeinsam mit Fluor (F) 3,98, Stickstoff (N) 3,04 und Chlor (Cl) 3,16, gehört Sauerstoff zu den vier elektronegativsten Elementen des Periodensystems. Auch mit den anderen drei Elementen ist Wasserstoff in der Lage, Wasserstoffbrückenbindungen einzugehen.

Die Oberflächenspannung, die wir sehen, wenn wir Büroklammern auf ein Glas mit Wasser legen und sie nicht sinken, lässt sich genau auf dieses Phänomen zurückführen. Gibt man übrigens einen Schuss Spüli ins Wasser, stört dies die Wasserstoffbrückenbindung, und die Büroklammern sinken. Die Stabilität der Wasserstoffbrückenbindung ist dafür verantwortlich, dass Wasser erst bei 100 °C kocht. Auch das Kuriosum, dass Wasser im festen Aggregatzustand, also Eis, eine geringere Dichte und damit ein höheres Volumen als im flüssigen Aggregatzustand aufweist, liegt an ihr. Normalerweise ist es gerade umgekehrt. Wird ein Stoff fest, so erhält er eine größere Dichte und dafür ein geringeres Volumen. Wenn Wasser gefriert, richten die Wassermoleküle sich eigentümlicherweise so aus, dass sie perfekte Sechsecke, also Hexagone bilden. In der Mitte dieser Hexagone befindet sich ein winziger Hohlraum. Er ist verantwortlich für dieses Phänomen und somit auch dafür, dass Eis im Wasser oben schwimmt. Wem jemals in einer eisigen Winternacht eine Bierflasche auf dem Balkon geplatzt ist, der weiß genauso, wovon die Rede ist, wie der Kapitän, der mit seinem Schiff einen Eisberg rammt.

Bei der Elektrolyse indes spielt die Wasserstoffbrückenbindung eine untergeordnete Rolle. Es ist die polare Sauerstoff-Wasserstoff-Bindung (O-H) die durch den Elektrolyseur unter hohem Energieaufwand geknackt wird. Wenn die sich erneut bildet, hören wir entweder den Donnerschlag einer Knallgasexplosion oder spüren die kolossale Kraft der Brennstoffzelle, wenn wir ein Wasserstoffauto mit einem Tritt aufs »Gas«-pedal in wenigen Sekunden von null auf hundert bringen. Dem alten Empedokles wäre die Sache wohl ein paar philosophische Gedankengänge wert gewesen, hätte er seinerzeit gewusst, dass das Element Feuer das Element Wasser gebären kann und der erstaunliche Vorgang sogar umgekehrt funktioniert.

Kraft aus der Ursuppe

*»Electrical discharge may have played a significant rôle in
the formation of compounds in the primitive atmosphere.«*

Stanley Lloyd Miller

Das Alter der Erde wird auf rund 4,6 Milliarden Jahre
geschätzt. Der Nachweis von Leben auf unserem Planeten stammt aus geologischen Funden, die rund 3,9 Milliarden Jahre alt sind. Als der amerikanische Biologe und Chemiker Stanley L. Miller (1930–2007) in den 1950er-Jahren seine
Vorstellung von der Ursuppe zusammenmixte, ging er von
einer Erdatmosphäre aus, die aus Wasser (H_2O), Methan
(CH_4), Ammoniak (NH_3), Wasserstoff (H_2) und Kohlenstoff-
monoxid (CO) bestand. Die setzte er dann, Gewitterblitze si-
mulierend, unter Strom und hoffte so, uriges Leben entstehen
lassen zu können. Tatsächlich gelang ihm mit seinem Kollegen Harold Clayton Urey (1893–1981) auf diese Weise, organi-
sche Moleküle zu erschaffen. Die taten ihm allerdings nicht
den Gefallen, sich zu lebenden Organismen zusammenzufü-
gen. Auch sind die Grundparameter des Experiments heute
mehr als umstritten, sodass es Mitmenschen gibt, die das Mil-
ler-Urey-Experiment als Argument heranziehen, um ihre

Zweifel daran zu untermauern, dass die Evolution überhaupt jemals stattgefunden hat.

Unstrittig ist für die meisten jedoch, dass die Pioniere des Lebens auf der Erde sogenannte Cyanobakterien waren. Diese Urorganismen, auch unter dem Namen Blaualgen bekannt, beherrschten bereits die Fähigkeit der sogenannten Wasserspaltung. Durch eine frühe Form der Photosynthese gelang es ihnen, das H_2O-Molekül zu knacken, um an die im Wasserstoff-Elektron gebündelte Energie heranzukommen, die sie zum Leben brauchten. Sauerstoff war in diesem Stoffwechselprozess ein Abfallprodukt. Im Laufe vieler Jahrmillionen reicherten sich die O_2-Ausscheidungen derart an, dass sie die sauerstoffhaltige Atmosphäre begründeten, wie wir sie heute kennen. Verantwortlich dafür war ein Enzym, welches die Wortschöpfung des Laurant de Lavoisier im Namen trägt: die Hydrogenase. Der Witz an dieser Geschichte: Eben jenes Abfallprodukt Sauerstoff, ohne den das Leben, wie wir es heute kennen, kaum vorstellbar wäre, war – so wie es sich für eine »Fäkalie« gehört – für die ersten Bakterien giftig, weil es die Hydrogenase zerstört.

Die meisten heute existierenden Cyanobakterien haben sich den modernen Lebensbedingungen angepasst. Sie betreiben brav Photosynthese wie andere moderne Pflanzen auch, bei der es weniger um die Wasserstoffproduktion geht als um die Herstellung von Zucker als Energieträger. Sonnenenergie wird mit anderen Worten in chemische Energie umgewandelt. Dies geschieht mit Hilfe des in der Luft vorhandenen Kohlendioxids. Etwa 2 000 der auf der Erde vorkommenden Arten von Cyanobakterien tragen heutzutage einen wissenschaftlichen Namen. Insgesamt schätzt man ihre Zahl auf etwa 100 000. Photosynthese geht immer mit Wasserspaltung einher! Dabei wird Sauerstoff nach wie vor als Abfallprodukt freigesetzt. Die energiereichen Reduktionsäquivalente werden mit CO_2 zur Reaktion gebracht, wobei Zucker und Wasser entstehen. Blaualgen, die in großen Wassertiefen leben, schaffen die Photosynthese jedoch auch, wenn kein Licht zur Verfügung steht. In dieser Stresssituation besinnen sich die Mikroorganismen auf ihre althergebrachten Fähigkeiten und aktivieren das Hydrogenase-Enzym, das reinen Wasserstoff produziert.

An diesem Punkt wird die Sache für die Energieversorgung der Menschheit interessant. Ein Organismus, der sich selbstständig mittels Zellteilung ständig vermehrt, H_2 produziert und dafür lediglich Sonnenlicht, Wasser, ein paar Mineralien und Wärme benötigt, ist ein idealer Lieferant von Kraftstoff.

Bevor ich fortfahre in Sachen Biochemie, wird es Zeit, uns noch einmal vor Augen zu führen, was sich hinter dem Schlagwort »grüner« Wasserstoff verbirgt und was ihn vom »grauen« Wasserstoff unterscheidet, beziehungsweise wo die Grenzen verschwimmen. Wie erwähnt, stammen heutzutage etwa fünf Prozent des weltweit produzierten Wasserstoffs aus der mit regenerativen Energiequellen betriebenen Elektrolyse. Laut der Wasserstoffstudie des Ölkonzerns Shell ist dieser Strom in seiner Gesamtbilanz nur zu etwa 70 Prozent wirklich regenerativ. Die übrigen 30 Prozent stammen aus fossilen Energieträgern wie Kohle oder Erdgas und werden benötigt, um den Stahl für die Windräder oder das Glas für die Solarzellen zu schmelzen, für den Transport der Bauteile, für den Aufbau und am Ende die Entsorgung der Anlagen. Hier gibt es zukünftig gewiss noch eine Menge Stellschrauben zu drehen, um eine Optimierung zu erreichen. Die Stahlschmelze etwa ist per Lichtbogen auch mit Wasserstoff möglich, macht aber klimatechnisch nur Sinn, wenn dieser »grün« ist. Wenn es um die Neutralität von Shell-Zahlen in Sachen Wasserstoff geht, sind Zweifel sicherlich angebracht. Ganz aus der Luft gegriffen dürften sie dennoch nicht sein. Dass Shell überhaupt eine solche Studie anfertigen lässt, zeigt in meinen Augen nichts weniger als die Zukunftsängste, die den fossilen Dinosaurier plagen. So viel sei bis hierhin gesagt. An späterer Stelle werden wir die Studie ein wenig genauer unter die Lupe nehmen.

Energie aus Biomasse, von vielen gerne den »Erneuerbaren« zugerechnet, sollte als Treibstoff der Elektrolyse nicht ernsthaft in Erwägung gezogen werden, obwohl beispielsweise das »Bio«-Gas vor allem zur Verstromung herangezogen wird. Die Hauptursache hierfür liegt natürlich einerseits darin begründet, dass die Biotreibstoffe sich problemlos sowohl lagern als auch transportieren lassen. Andererseits hat die Zeit gezeigt, dass die CO_2-Einsparung durch »Bio«-Kraftstoffe eine mehr als zweifelhafte Angelegenheit ist. Man halte sich nur folgende, alltäglich geschehene Abläufe vor Augen: Erst wird Wasserstoff aus der Reformierung von Erdgas oder sogar Kohle genommen, um via Ammoniaksynthese Kunstdünger herzustellen. Als Nächstes geht man hin und holzt in den Tropen die Urwälder ab oder bricht in unseren Breiten wertvolles Grünland um (beides bedeutende CO_2-Speicher), damit Flächen für die Energiepflanzen gewonnen werden. Sodann wird mit Pestiziden nicht gespart und solange eine Tier- und Pflanzenart nach der anderen ausgerottet, bis man die gewünschte Menge an Biomasse herangezüchtet hat. Sowohl Dünger als auch die Kraftstoffe werden nicht selten über weite Strecken, ja ganze Ozeane hin und her transportiert, was wieder einen Haufen Energie kostet. Diese dann zu verwenden, um am Ende wieder

Wasserstoff entstehen zu lassen, setzt dem Wahnsinn die Krone auf. Dennoch war es nur eine Frage der Zeit, bis einige skrupellose Geldmenschen ihn Wirklichkeit werden ließen.

Die Rede ist von Wasserstoffherstellung aus Biogas per Dampfreformierung. Diese ist technisch natürlich kein Problem und wird bereits praktiziert. Bei uns wird Biogas hauptsächlich aus den zu Energiepflanzen herabgewürdigten Getreidesorten Mais, Weizen oder Roggen hergestellt. Auch Holz kommt zum Einsatz, was nichts anderes heißt, als dass ganze Wälder in den Reaktoren verschwinden. Zudem wird Gülle aus der Massentierhaltung herangezogen.

Dennoch, trotz vieler Auswüchse gilt: Wer ernsthaft »grünen« Wasserstoff anvisiert, kommt um das Schlagwort Biowasserstoff nicht herum. Womit wir tatsächlich wieder bei den Blaualgen (Cyanobakterien) gelandet wären. Ich entschließe mich zu einem Besuch bei einem Mann, der sein Lebenswerk den Blaualgen verschrieben hat: Professor Dr. Matthias Rögner hat einen Lehrstuhl für die Biochemie der Pflanzen in der Ruhr Universität Bochum (RUB). Obschon frisch pensioniert, denkt er nicht daran, aufzuhören, wird demnächst aber in eine andere Schreibstube umziehen. Ich habe Glück und erwische ihn noch in seinen alten Räumlichkeiten, deren Labore und Büros sich auf zwei Stockwerke verteilen. Die RUB zählt mit rund 43 000 Studierenden aus über 130 Ländern zu den größten Unis Deutschlands. Brutal in eine Landschaft aus sanften Hügeln gerammt, ragen die kalten Zweckbauten der verschiedenen Fakultäten, zwischen grünen Wiesen und alten Eichenwäldern mit jeder Menge Glas und Beton in den winterlichen Himmel. Mit viel Glück finde ich auf dem Campusgelände einen Parkplatz für mein altes Dieselauto und lasse mir von einem hilfsbereiten Studenten den Weg weisen zum Gebäude ND, einem riesigen Betonklotz, in dem sich die Biologen verbergen. In seinem Büro angekommen, habe ich kurz die Gelegenheit, die fantastische Aussicht zu genießen, ehe der Professor eintritt und mich begrüßt.

Professor Rögner ist ein freundlicher Herr von mittlerer Statur mit sympathischen, offenen Gesichtszügen. Nach wenigen Minuten stelle ich fest: In ihm habe ich keinen Wasserstoffmenschen wie den Jürgen Fuhrländer vor mir. Die Fähigkeiten des Supermoleküls und die sich daraus ergebenen Chancen für die Energieversorgung des *Homo industrialis* sind ihm zwar bekannt, interessieren ihn aber nur peripher. Rögner gehört vielmehr zu einer anderen eingeschworenen Gruppe Gelehrter. Er ist durch und durch ein Algenmensch. Die Miniorganismen aus den Tiefen der Urzeit sind Stoff für seine Faszination und Futter für seinen Lebenstraum. Glaubt man seinen Ausführungen, haben sie das Zeug dazu, mittels ihrer Fähigkeit zur Wasserspaltung, zur Lösung der Energieprobleme der Menschheit beizutragen. Richtig dressiert, können sie noch eine ganze Reihe anderer interessanter Stoffe herstellen. Wobei mit »Dressur« in diesem Falle die genetische Manipulation gemeint ist. In diesem Text wollen wir uns aber auf die Wasserstoffproduktion beschränken.

Die Schwierigkeit, mit den heutigen Blaualgen Wasserstoff herzustellen, liegt genau darin begründet, dass ihre Vorfahren diesen Prozess zugunsten der Entwicklung der photosynthetischen Wasserspaltung, der mit der Entwicklung von Sauerstoff verbunden ist, aufgegeben haben. Nach etwa eineinhalb Milliarden Jahren der Wasserspaltung durch Blaualgen, kam es auf der Erde zur sogenannten Großen Sauerstoffkatastrophe. Damals, an der Archaikum-Proterozoikum-Grenze, war die

Erde ungefähr halb so alt wie jetzt. Die Anhäufung von Sauerstoff verursachte nicht nur das massenhafte Aussterben von obligat anaeroben Organismen, sondern brachte auch noch das starke Treibhausgas Methan in der Atmosphäre zur Oxidation. Während große Teile des molekularen Wasserstoffs sich ins Weltall verflüchtigten, wurde es zum schwächeren Treibhausgas Kohlendioxid und Wasser. Eine starke Abkühlung des Planeten war die Folge. Die Erde verwandelte sich in einen Schneeball, und die Huronische Eiszeit setzte ein. Sie dauerte etwa 400 Millionen Jahre. An ihrem Ende hatte das Leben nicht bloß gelernt, sich mit dem Sauerstoff zu arrangieren, sondern auch die Chancen entdeckt, die sich aus ihm ergaben. Bei der Oxidation, also der Reaktion mannigfaltiger chemischer Stoffe mit Sauerstoff, wird nämlich wesentlich mehr Energie freigesetzt als bei jeder anderen Reaktion – Energie, die das Leben für sich zu nutzen wusste. Endlich waren mehrzellige Lebewesen möglich. Das rustikale Enzym Hydrogenase wurde obsolet und geriet in Vergessenheit.

Die Fähigkeit zu ihrer Bildung jedoch behielt die Evolution als Trumpf in der Hinterhand. Man weiß ja nie, wozu man sie noch einmal brauchen kann. Die genetische Information zur Hydrogenase-Bildung ist laut Professor Rögner selbst im menschlichen Erbgut noch vorhanden. Im Unterschied zu unseren hochentwickelten Säugetier-Organismen kann sie in manchen modernen Blaualgen auch heute noch abgerufen werden und zwar immer dann, wenn die kleinen Dinger in eine anaerobe Umgebung geraten. Unter diesen Bedingungen produziert das Enzym aber nur sehr wenig Wasserstoff. Eine bis zu 100-fach aktivere Hydrogenase findet sich bei Grünalgen, die – allerdings auch nur unter anaerobem Schwefelent-

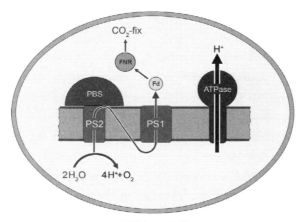

Wildtyp-Zelle:
CO_2-Fixierung zur Zuckerproduktion

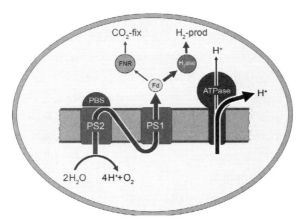

Designzelle: Nur minimale (essenzielle) Zuckerproduktion zugunsten
von maximaler Biowasserstoffproduktion[8]

zug – photosynthetischen Wasserstoff produziert. Dieses Enzym schafft bis zu 10.000 Umsätze pro Minute – allerdings nicht in Gegenwart von Sauerstoff, der ja bei der Photosynthese entsteht. Deshalb muss es genetisch so verändert werden, dass es auch unter Sauerstoffbedingungen funktioniert, woran weltweit mehrere Gruppen arbeiten. Wenn das gelingt, wäre es ein perfekter Kandidat, um in die Blaualgenzelle integriert und mit der Photosynthese verknüpft zu werden. In Kombination mit einem optimierten Photobioreaktor – das heißt einem Reaktor, der das Licht effizient zu den Zellen bringt und deshalb nur eine sehr kurze Schichtdicke hat (sog. Flachbettreaktor) – und geeigneter Belichtung, zum Beispiel Sonnenlicht oder LEDs, wären so großflächige Wasserstofferzeugungsreaktoren vorstellbar. Die Wissenschaftliche Herausforderung besteht demnach darin, die Algen durch Gentechnik so neu zu stricken, dass sie ihre Wasserstoffproduktion hochfahren, ohne dabei zugrundezugehen. Rögner hält die Produktion von 200 Millilitern H_2 pro Liter Medium und Stunde in kostengünstig produzierten Flachbettreaktoren für mach- und finanzierbar. Einen solchen hat er gemeinsam mit der Firma KSD aus Hattingen entwickelt. Bei Reaktoren denkt heute wohl jedermann an den Reaktor eines Atomkraftwerks. Aber keine Sorge, ein Reaktor ist zunächst einmal nur ein Gefäß, in dem eine chemische oder physikalische Reaktion stattfindet.

Der Professor präsentiert mir eine Folie, auf der eine interessante – wenngleich hypothetische – Berechnung veranschaulicht wird. Gezeigt wird ein Satellitenbild von Afrika. Auf der Sahara prangt ein kleines, rotes Rechteck. Es dauert einen Moment, ehe ich begreife. Würden 2,2 Prozent der Fläche der Sahara mit großflächigen Flachbettreaktoren bedeckt, in denen mit Meerwasser versorgt, die zukünftig möglichen »200-ml-Blaualgen« ihre Arbeit machen würden, würde das ungefähr dem derzeitigen Energiebedarf der Menschheit in Form des so hergestellten Wasserstoffs entsprechen. Hier müssen allerdings Abstriche gemacht werden. Wegen der unsicheren Parameter nennt Rögner selbst diese Berechnung eine »Milchmädchenrechnung«. Die Neuigkeit ist hier vor allem, dass in der RUB von ernsthaften Wissenschaftlern heute bereits solche Berechnungen vorgenommen werden. Ob sie auf Prozent und Promille stimmig sind, spielt da eine untergeordnete Rolle.

Graues Rechteck: Weltenergiebedarf
(Verwendung 200 l Photobioreaktoren mit je 1,5 m^2 Fläche & Leistung von 200 ml H$_2$ pro l Zellvolumen/Std.), benötigt ca. 195 000 km^2 = zwei Prozent der Fläche der Sahara. Darin schwarz: Energiebedarf BRD.

Um tiefer in die Materie eintauchen zu können, kommen wir nicht umhin, uns noch einmal mit der Photosynthese zu befassen. Als ich gegen Ende der 80er-Jahre meine schulische Laufbahn zum Abschluss brachte, hatte ich Biologie als drittes Abiturfach. Damals meinte ich, die Vorgehensweise von Gemüse, Sonnenlicht in Zucker umzuwandeln, eigentlich ganz gut durchstiegen zu haben. Als mein Sohn vor drei Jahren sein Abitur bestand, musste er im Bio-Leistungskurs seinen Mann stehen. Ich sah ihm damals beim Lernen einmal über die Schulter und merkte zu meiner Bestürzung, dass die Dinge bei der Photosynthese wesentlich komplizierter liegen, als dies noch zu meiner Zeit der Stand der gymnasial vermittelten Wissenschaft war. Meine Tochter, die sich in den Tagen, da ich diese Zeilen schreibe, auf ihre mündliche Abiturprüfung in Bio vorbereitet, kapiert von Photosynthese nicht die Bohne, und ich kann ihr auch nicht wirklich helfen, da es mir bis auf rudimentärste Grundkenntnisse genauso geht. Die Wissenschaft hat in ihrer Durchdringung der Photosynthese in den letzten 30 Jahren gewaltige Fortschritte gemacht. Darauf angesprochen, meint Professor Rögner, dass man damals bereits annahm, alles verstanden zu haben, und heute drauf und dran ist, denselben Fehler wieder zu begehen. Wahrscheinlich funktioniert die Photosynthese noch viel komplizierter, als wir vermuten. Einigen wir uns also einfach auf die Tatsache, dass zu ihrem Funktionieren ein Photosystem I (PS1) und ein Photosystem II (PS2) gehören, wobei letzteres die entscheidende Reaktion ausführt, mit Hilfe des Sonnenlichtes Wasser zu spalten.

Rögner hat zusammen mit Forschern der Chemiefakultät der RUB eine Biobatterie entwickelt, in der die beiden Photosysteme räumlich voneinander in zwei verschiedenen Kammern arbeiten. Auf zwei Goldelektroden fixiert, sind sie lediglich durch einen Draht miteinander verbunden. PS2 sorgt in der linken Kammer für die Wasserspaltung, wie sie in jeder

Photosynthese vorkommt. Dabei entsteht Energie in Form von Elektronen, die als elektrischer Strom über den Draht in die zweite Kammer fließen, wo PS1 an das Hydrogenase-Enzym gekoppelt ist und für die Bildung des Wasserstoffmoleküls (H_2) sogen soll. Auf diese Weise kommt die Hydrogenase nicht mit dem bei der Wasserspaltung entstehenden Sauerstoff in Berührung, der ja für sie giftig ist.

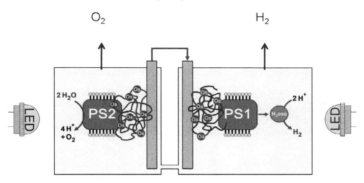

Wasserstoffproduktion mit »Biobatterie« (semiartifizielles System mit isolierten, immobilisierten Komponenten)

»Die Biobatterie erlaubt uns, verschiedene Komponenten auszuprobieren, bevor wir sie in natürliche Systeme wie Blaualgen zurückverlagern.« (Rögner)

Die Erkenntnisse hieraus sollen es also ermöglichen, hocheffiziente Hydrogenasen aus Grünalgen per Gentechnik in die Blaualgen hineinbasteln zu können. Auch an anderer Stelle wird an den Mikroorganismen herumgeschnibbelt. Wie alle Algen verfügen die Tiefseeblaualgen verfügen über spezielle Antennen, mit denen sie unter Wasser in der Lage sind, auch in großer Tiefe die dort sehr spärlich vorkommenden Sonnenstrahlen aufzufangen. Die Bildung dieser Antennen kostet erheblich Energie – und geschieht deshalb letztlich auch auf Kosten der Wasserstoffproduktion. Verringert man die Größe dieser Antennen, steigt die Bildung des begehrten Energieträgers.

Rögner war in den letzten 40 Jahren sehr oft in Japan und spricht fließend Japanisch, was für seine zahlreichen wissenschaftlichen Kontakte dorthin ein großes Plus ist. Wie jeder weiß, liegt Japan auf dem Pazifischen Feuerring, was seine hohe vulkanische Aktivität erklärt. Letztere bedingt eine Vielzahl heißer Quellen. Auch in diesen kommen Blaualgen vor. Rögner hat sie nach Deutschland mitgebracht und in seine Experimente mit einbezogen, weil sie naturgemäß besonders robust sind gegenüber Hitze. Eine Eigenschaft, die bei Bioreaktoren in der Sonnenglut der Sahara unabdingbar ist.

Wir können also unschwer sehen, dass bis zur kostengünstigen Produktion von Biowasserstoff aus Algen noch ein weiter Weg vor Rögner und seinen Kollegen aus der Wissenschaft liegt. Die Experimente können nur iterativ vorgenommen werden. Das heißt, man nähert sich in kleinen Schritten der großen Lösung. Auch macht sich mancher Mitmensch nicht ganz unberechtigt Sorgen darüber, was denn geschähe, wenn die kleinen Frankensteinalgen versehentlich in der Natur freigesetzt würden. Käme es dann zur unkontrollierten Wasserstoffbildung und in der Folge zu gigantischen Knallgasreaktionen über unseren Gewässern? Hier winkt Rögner ab. Seine Designalgen sind so überzüchtet gebaut, dass sie unter Normalbedingungen gar nicht lebensfähig wären. Andere Bakterien würden ihnen sofort den Garaus machen. Um ganz auf Nummer sicher zu gehen, wird ihnen dennoch ein sogenanntes Selbstmordgen eingebaut, das zum Einsatz kommt, sobald sie mit der Atmosphäre in Berührung kommen.

Auch nach abgeschlossener Wasserstofffernte haben die Algen noch einiges an Potenzial zu bieten. Alle zehn bis zwölf Stunden verdoppelt sich ihre Masse, womit sie zehnmal schneller wachsen als Schilf. Ihr Brennwert liegt irgendwo zwischen dem von Braunkohle und Steinkohle. Die hierfür erforderliche Trocknung ist allerdings bis dato noch zu kostenintensiv. Dieses Problem dürfte sich meiner Einschätzung nach lösen lassen, falls es tatsächlich zum großflächigen Einsatz der Algentechnologie in der Sahara käme, wo ja – wie bereits an anderer Stelle erwähnt – an Hitze und Trockenheit kein Mangel herrscht. Die Frage ist, ob ein Verbrennen klimatechnisch nicht eher kontraproduktiv wäre. Mir kommt der Algendünger in den Sinn, der besonders bei Biogärtnern beliebt ist. In irischen Gemüsegärten wird seit Jahrhunderten mit Tang gedüngt. Zum Ferienhaus meiner Familie im Süden der grünen Insel gehört selbstverständlich auch eine kleine Fläche, auf der wir Salat, Kohl, Zwiebeln und sonstiges ziehen. Es liegt in Küstennähe. Von daher weiß ich, wie riesig ein Kohlkopf werden kann, der ordentlich mit der Kraft der Algen versorgt wurde. Sie enthalten eben ordentlich Kali, Stickstoff und Phosphor, also genau das, was Pflanzen zum Wachsen brauchen. Am Ende könnten also Rögners Algen auch die Ammoniaksynthese zur umstrittenen Kunstdüngerproduktion eine veraltete Technik werden lassen, reif für den Mülleimer der Geschichte. Im Gegensatz zu Kunstdünger, der die Böden auslaugt, also langsam, aber sicher unsere agrarische Lebensgrundlage zerstört, fördert Algendünger die Humusbildung. Humus wiederum ist unabdingbar für die Existenz der Bodenorganismen. Die Bodenstruktur, an der seit vielen Jahrzehnten Raubbau betrieben wird, könnte mit Algen wiederaufgebaut werden. Dies wäre ein nicht zu unterschätzender Mitnahmeeffekt für den Menschen der Zukunft auf seinem Weg zur Wasserstoffgesellschaft.

»Ja«, pflichtet der Professor bei, »als Dünger taugen die Algen natürlich auch.«

Unser Gespräch nähert sich dem Ende. Durch die Panoramafenster sehe ich den Winterhimmel verrücktspielen. Wo eben noch die fahle Sonne schien, peitscht nun ein Hagelsturm. Professor Rögner bemerkt die Wetterkapriolen gar nicht, so vertieft ist er in sein Thema. Gemeinsam verlassen wir sein Büro und begeben uns in die heiligen Hallen der Experimentierstuben. Im ersten Labor bekomme ich die Flachbettreaktoren vorgeführt. Sie sind aus kostengünstigem Plexiglas gefertigt, das chemisch gereinigt werden kann und leider zurzeit nicht in Betrieb. Daneben brodelt es gewaltig in großen 25-Liter-Reaktoren, die aus mehrmals verwendbarer Polyamidfolie bestehen. Spezielle rote LEDs regen statt Sonnenlicht die Photosynthese an, die Algen leuchten knallig grün, und kleine Luftbläschen steigen zur Vermischung Richtung Reaktordeckel. Ein Stück weiter werden in einer Art Brutkasten Algenkulturen in bauchigen Flaschen von einem Schüttler sanft gerüttelt. Ich bestaune Kühlschränke und ein buntes Labyrinth aus Schläuchen und Kabeln. Wir gehen einen Raum weiter, und Rögner zeigt mir ein steriles Zelt seines Kollegen Happe, samt Schleuse und Bunsenbrenner zum Abflämmen. Die Wände des Zeltes bestehen aus einer durchsichtigen Folie. Wer darin arbeiten will, steckt seine Hände in unterarmlange Handschuhe, die in das Gebilde hineinragen. Sterilität ist wichtig in der Algenforschung. Es gilt, Verunreinigungen vorzubeugen, die durch Bakterien aus der Luft kommen können.

Langsam, aber sicher macht sich in mir das Gefühl breit, in einem Science-Fiction-Thriller gelandet zu sein. Dieses Gefühl verstärkt sich, als wir das dritte Labor betreten. Hier stehen, scheinbar kreativ-chaotisch nebeneinander aufgereiht, eine ganze Reihe von Maschinen, die auf mich den Eindruck von hochgepimpten Mikrowellen vermitteln. In Wahrheit liegt jede einzelne von ihnen preislich knapp unterhalb der Millionen-Euro-Grenze. Hier messen und bestimmen die Biologen die exakte Masse der verschiedenen Proteine der jeweiligen Algenmutanten, an denen sich ihre unterschiedlichen Eigenschaften manifestieren. Mir kommt Rögners Antwort auf eine grundlegende Frage in den Sinn, die ich ihm ganz zu Anfang unseres Gesprächs stellte:

»Wie lange wird es dauern, bis ihre Forschung zu Produkten führt, die in industriellem Maßstab Wasserstoff erzeugen können?«

»Das ist eine Geldfrage. Je mehr investiert und gefördert wird, desto schneller wird es gehen.«

Bevor wir uns trennen, versorgt mich der Professor noch mit zwei wissenschaftlichen Fachzeitschriften, in denen aktuell von seiner Arbeit berichtet wird. Einer der beiden Titel springt mir besonders ins Auge: *Wasserstoff aus eigenem Anbau*. Mein Selbstversorgerherz schlägt höher. Natürlich wird die neuartige Algenkultur nicht auf Wüstengebiete beschränkt sein. Auch in unseren Breiten wird sie mindestens ein halbes Jahr lang möglich und während der langen Tage im Sommer besonders ertragreich sein.

Bereits heute existiert ein solches Algenhaus, und zwar in Hamburg. Es wurde im Rahmen der Internationalen Bauausstellung (IBA) zwischen den Jahren 2007 und 2013 als sogenanntes *Smart Material House* errichtet. Zwar ist es nicht auf Wasserstoffproduktion ausgerichtet, doch kann es dafür ein paar andere interessante Dinge: Die Fassade aus Flachbettreaktoren, in denen es beständig blubbert, erzeugt hochwertigen Proteinextrakt und Warmwasser. 129 Einzelsegmente enthalten 3500 Liter Wasser. Das zur Photosynthese unabdingbare CO_2 erhalten sie aus der Abluft einer Gastherme, was wiederum deren Klimabilanz aufbessert. Nach einer ganzen Reihe von Geburtsfehlern, wurde das Verfahren grunderneuert. Seit 2016 läuft die revolutionäre Technik ohne nennenswerte Probleme.

Auch Raumfahrer träumen grün, wenn das Thema auf die Algen kommt. Um einen neuen Planeten zu besiedeln, bräuchte man theoretisch nur Wasser und Sonnenlicht. Die Algen erledigen den Rest. Per Wasserspaltung sorgen sie für Sauerstoff zum Atmen und Wasserstoff als Energielieferant. Gleichzeitig sind sie in der Lage, Fäkalien in wertvolle Proteine zu verwandeln, welche zu Nahrungsmitteln verarbeitet werden können. Oben rein und unten raus würde quasi als Kreislauf funktionieren. Wer schon mal eine Ladung Pferdemist auf seinem Gemüsebeet verteilt hat, der weiß, dass die Angelegenheit eigentlich eh schon seit jeher so oder so ähnlich gehandhabt wird.

Die Brennstoffzelle

»Tesla ist nicht unser Vorbild.«

Takeshi Uchiyamada (Chairman von Toyota)

Elektrische Energie in einer Batterie zu speichern und bei Bedarf abzurufen ist für uns industrialisierte Menschen zu Beginn des dritten Jahrtausends zu einer alltäglichen Handlung geworden. Was wären wir ohne unsere Ladegeräte? Dahinter stecken elektrochemische Prozesse, die chemische Energie in elektrische umwandeln. So weit so gut. Kaum jemand verbindet diesen Vorgang mit dem Arzt Signore Luigi Aloisio Galvani (1737–1798) aus Bologna und seiner Vorliebe für Froschschenkel. Im Jahr 1780 kam der experimentierfreudige Italiener auf die Idee, einen Froschschenkel, anstatt ihn auf den Grill zu legen und dann knusprig geröstet mit einer Prise Thymian zu verspeisen, ihn an einen Kupferdraht anzudocken, der auf der anderen Seite an einem Messer hing. Sobald er nun die Klinge des Messers an den Froschschenkel hielt, zuckte dieser zusammen. Ohne es zu wissen, hatte Galvani einen Stromkreis hergestellt, der aus zwei verschiedenen Metallen, einem Elektrolyten und einem Stromanzeiger bestand. Elektrolyte sind Salze, die elektrischen Strom durch Ionenwanderung weiterleiten. In Galvanis Fall befanden sich die Salze im natürlichen Wasseranteil der Körperflüssigkeit der bedauernswerten Amphibie. Ihr Muskelzucken spielte die Rolle des Stromanzeigers. Die Galvanische Zelle war geboren.

Eine Brennstoffzelle ist so gesehen auch erst mal eine Galvanische Zelle. Im Unterschied zum Froschschenkel kommt bei ihr jedoch dem Elektrolyten die Funktion einer Sperrschicht zu. Der Strom wird nicht durch ihn hindurchgeleitet, sondern muss den Umweg über den Draht nehmen. Im Gegensatz zu einer Batterie speichert eine Brennstoffzelle auch keinen elektrischen Strom. Vielmehr wird bei ihr chemische Energie in elektrische umgewandelt, indem ein Stoff kontinuierlich zum Oxidieren gebracht wird. Der Erste, dem dies etwa zwanzig Jahre nach Galvani gelang, war Sir Humphrey Davy (1778–1829) aus Cornwall. Der Sohn eines Holzschnitzers kam über eine Apothekerlehre das erste Mal mit der Chemie in Berührung. Als Autodidakt brachte es der Engländer seinerzeit vor allem auf dem Feld der Elektrochemie zu hohem Ansehen. Napoleon Bonaparte war einer seiner größten Fans, was ihm die Ehre zuteilwerden ließ, trotz des Kriegszustands seines Heimatlandes mit Frankreich, eine Einreiseerlaubnis zu erhalten, um in Paris einen Ehrenpreis entgegennehmen zu können. Er erforschte die Elektrizität des Torpedofischs und gilt als der Entdecker des Lachgases. 1802 experimentierte er mit galvanischen Elementen und erhielt einen Stromstoß, den er nicht einordnen konnte. Trotzdem berichtete er davon. Indem er chemische in elektrische Energie umwandelte, war er auf das Konzept der Brennstoffzelle gestoßen. Obwohl mit Ehrungen überschüttet, war dem dichtenden Wissenschaftler kein langes Leben beschert. Im Zuge seiner Experimente setzte er sich einer Vielzahl von giftigen Substanzen aus, was schließlich zu seinem frühen Tod führte.

Der eigentliche Vater der Brennstoffzelle hieß Sir William Robert Grove (1811–1896). Angeregt von den Forschungsergebnissen des deutsch-schweizerischen Physikers und Chemikers Christian-Friedrich Schönbein (1799–1868) war Grove der Erste, der 1939 mit dem *Grove-Element* ein Modell der Brennstoffzelle entwickelte, das es zur Marktreife brachte. In Schönbeins Experimenten wurden zwei Platindrähte in Schwefelsäure getaucht. Sobald man den einen mit Sauer- und den anderen mit Wasserstoff umspülte, floss Strom. Grove benutzte einen Platinstab als Elektrode. Diese wird in Salpetersäure getaucht, die sich in einem Behälter aus porösem Ton befindet. Der Behälter steckt seinerseits in einem Zylinder aus Zink, welcher Schwefelsäure enthält. Dieses galvanische Element brachte eine Leistung von 1,9 Volt und wurde in den Frühtagen der elektronischen Nachrichtenübermittlung als Stromquelle im nordamerikanischen Telegrafenwesen verwandt. Der wenig später entwickelte Dynamo verdrängte mit seiner wesentlich höheren Leistung Groves Erfindung vom Markt.

1887 erkannte jedoch Wilhelm Oswald (1853–1932), ein Baltendeutscher aus Riga, der als einer der Begründer der Physikalischen Chemie gilt, das Potenzial der Grove'schen Erfindung. Ein Jahr nach Groves Tod sprach er folgenden denkwürdigen Satz:

»Haben wir ein galvanisches Element, welches aus Kohle und dem Sauerstoff der Luft unmittelbar elektrische Energie liefert […], dann stehen wir vor einer technischen Umwälzung, gegen welche die bei der Erfindung der Dampfmaschine verschwinden muss. Denken wir nur, wie [...] sich das Aussehen unserer Industrieorte ändern wird! Kein Rauch, kein Ruß, keine Dampfmaschine, ja kein Feuer mehr ...«

Oswald errechnete einen möglichen Wirkungsgrad der Brennstoffzelle von 83 Prozent. Das Wort Wirkungsgrad hat gerade in der heutigen Diskussion eine enorme politische Bedeutung erlangt. Erst einmal bedeutet es nichts anderes als folgenden Sachverhalt: Es geht um das Maß von Energie, das ich aus einem bestimmten Vorgang ziehen kann, gemessen an der Energie, die ich hineinstecke. Der Wirkungsgrad eines Otto-Motors etwa liegt bei rund 25 Prozent, weil ein Großteil der eingesetzten Energie nicht für die Bewegung eingesetzt werden kann, sondern in Form von Wärme verloren geht. Oswalds Theorien regten einen Schwarm von Wissenschaftlern dazu an, eine wahre Flut von Konstruktionsvorschlägen zu entwickeln. Sie stießen jedoch bei den eingesetzten Werkstoffen auf unerwartet große Probleme. Vor allem das Thema Korrosion beschäftigt die Forscher bis heute. Schon die Platinelektroden von Grove hielten nur begrenzte Zeit. Das Edelmetall gilt zwar als korrosionsbeständig. Trotzdem setzt ihm der Kontakt mit Schwefel, Kohlenstoff und anderen Substanzen wie Blei oder Phosphor zu.

Ab den 1920er-Jahren machten sich erste Fortschritte bemerkbar. Man begann das Problem der Korrosion in den Griff zu bekommen. In den 1960er-Jahren mündeten diese Fortschritte im Einsatz der Brennstoffzelle beim Apollo-Programm der NASA, wo sie auf dem Weg zum Mond als »unerschöpfliche« Energiequelle diente und die Mondmission nicht nur mit Strom, sondern auch mit Wärme und Wasser versorgte. Sie wurde mit reinem Wasserstoff und Sauerstoff betrieben. Auch die Militärs entdeckten das Wunderding für sich. Die hochmodernen deutschen U-Boote der Klasse 212A sind mit Brennstoffzellen ausgerüstet. Sie sind außenluftunabhängig und gelten als die leisesten U-Boot-Antriebe der Welt. Wilhelm Ostwald hat wahrscheinlich nicht damit gerechnet, dass der Siegeszug der Brennstoffzellentechnik so lange auf sich warten lassen würde. Im Prinzip warten wir ja immer noch darauf, wenngleich die Zeichen gut stehen, dass sie sich in der Kurve vor der Zielgeraden befindet. 1909 wurde der Wissenschaftler, der sich auch als Philosoph einen Namen machte, aufgrund seiner Erkenntnisse zur Katalyse, zu Gleichgewichtsverhältnissen und zu Reaktionsgeschwindigkeiten, mit dem Nobelpreis für Chemie geehrt.

Es gibt verwirrend viele Möglichkeiten der Konstruktion einer Brennstoffzelle. Bei jeder sind die Ausgangsstoffe unterschiedlich, bei allen ist irgendwie Wasserstoff im Spiel, man braucht eine Membran und man braucht Platin (oder auch nicht). Beschränken wir uns also erst einmal auf die eine ganz bestimmte Brennstoffzelle, bei der reiner Wasserstoff (H_2) mit dem Sauerstoff der Luft (O) zu Wasser (H_2O) reduziert wird. Wem das Bandwurmwort Polymermembranbrennstoffzelle zu kompliziert ist, beschränke sich auf die Abkürzung PEM-Brennstoffzelle. Folgendermaßen funktioniert sie.

Stellen wir uns den Vorgang vor wie ein (komplett fiktives) Hochzeitsritual, bei der die Braut eine edel geschnitzte hölzerne Hürde überwinden muss, um mit dem Bräutigam vereinigt zu werden. Sie soll damit symbolisch beweisen, dass sie bereit dafür ist, die Schwierigkeiten und Hürden des Lebens gemeinsam mit ihm zu bestehen. Der springende Punkt: Die Braut ist schwanger und zwar schon zum zweiten Mal. Irgendwann sind dem Bräutigam die Ausreden ausgegangen. Deshalb wird jetzt zur Tat geschritten und das heilige Sakrament der Ehe vollzogen. An der Hand der glücklichen Braut turnt munter ein kleiner Knirps. Als sie über die Hürde klettert, kann der kleine Knirps nicht mit. Er will aber auch auf das Familienfoto. Weshalb er einfach um die Hürde herumläuft, sich zwischen die Knie von Mama und Papa zwängt und breit lacht, als aus der Kamera des Hochzeitsfotografen das Vögelchen kommt.

Übertragen wir dieses Ritual auf die chemische Gesellschaft, dann wäre der Papa und frisch gebackene Ehemann das Sauerstoffatom (O). Mama hingegen wäre das Wasserstoffmolekül (H_2). Die Braut klettert ächzend über die Hürde und der kleine Knirps läuft außen herum. In der chemischen Gesellschaft wäre das ihr ungeborenes Kind quasi das Proton, die hölzerne Barriere hingegen die platinhaltige Membran in der Brennstoffzelle. Der muntere Knirps wäre das Elektron. Die Elektronen passen nicht durch die Membran, die ja nur die Protonen durchlässt. Gibt man ihnen jetzt einen Draht aus beispielsweise Platin, schaffen sie es über diesen Umweg auf die andere Seite der Membran, um sich dort wieder mit ihren Wasserstoffatomen zu vereinigen, die sich ihrerseits bereits ans Sauerstoffatom angedockt haben. Der Fachmann spricht in diesem Fall von einer Reduktion. Weil gleichzeitig eine Oxidation stattfindet, ist die »kalte Verbrennung« eine Redoxreaktion. Das Produkt dieser Hochzeit im Reich der Chemie heißt Wasser (H_2O).

Also nochmal im Klartext: Die Reaktion spielt sich zwischen zwei Elektroden ab. An der Kathode wird Wasserstoff eingeleitet. Ein Katalysator spaltet die Wasserstoffatome in negativ geladene Elektronen und positive Wasserstoffionen. Die Membran lässt nur die Ionen durch. Die Elektronen wandern auf einem elektrischen Leiter zur Anode. Genau wie bei der Knallgasreaktion wird dabei Energie freigesetzt. Denn die Elektronen, die durch das Kabel fließen, sind letztlich nichts anderes als elektrischer Strom.

Wer auch immer ehrlich auf eine emissionsfreie Zukunft hinarbeitet, der wird auf die Brennstoffzelle nicht verzichten können. Von den besagten Monsterbrennstoffzellen in gruseligen U-Boot-Kampfmaschinen, die in den Tiefen der Weltmeere ihr Unwesen treiben, bis hin zu Minibrennstoffzellen, die die Laptops der Zukunft antreiben sollen – Die möglichen Anwendungsgebiete für Brennstoffzellen sind riesig. Sie sitzen in den ersten serienmäßig hergestellten Wasserstoffautos von Hyundai und Toyota und werden unter anderem von der Firma Viessmann an Häuslebauer geliefert, um in einem kleinen Kraftwerk das Eigenheim mit Strom und Wärme zu versorgen. Noch wird Letzteres mit Erdgas betrieben. Das System ist in der Lage, den Wasserstoff aus der Erdgasreformation zu ziehen. Klimatechnisch ist es also noch nicht der Weisheit letzter Schluss, weil dabei ja CO_2 entsteht. Aber immerhin senkt die Viessmann-Heizung laut Eigenwerbung den Energieverbrauch eines Haushalts um bis zu 40 Prozent. Im Elektromarkt sind längst die ersten Brennstoffzellenspielzeugautos im Verkauf. Getankt wird mit Wasser. Eine kleine Solarzelle besorgt den für die Elektrolyse nötigen Strom. Um Kindern ab zwölf die neue Technik näherzubringen gibt es das »*Experimentier-Set Horizon Renewable Energy Science Education*«, welches neben Solarmodul, Elektrolyseur und Brennstoffzelle auch noch ein kleines Windrad und anderen elektrotechnischen Schnickschnack bietet.

Wie es mit technischen Erneuerungen bedauerlicherweise so oft der Fall ist, preschen auch bei der Brennstoffzelle die Militärs als Vorreiter voran. Die US-Army bastelt sie nicht nur in Drohnen, die unsere Lüfte unsicher machen, sondern auch noch in sogenannte *Unmanned Underwater Vehicles*, UUVs. Sie sollen zukünftig in gepanzerten Geländewagen sitzen, wo sie nicht nur für Vortrieb sorgen werden, sondern auch für die Wasserversorgung der Soldaten. Am Körper getragene *Fuel Cells* werden die Batterien in der Ausrüstung ersetzen und den Kämpfern, die wie zu Zeiten der Römer bis zu 50 Kilo Ausrüstung mit sich herumschleppen müssen, eine Gewichtsersparnis von 50 Prozent bescheren.

Erwähnenswert ist an dieser Stelle ein weiteres technisches Detail. PEM-Brennstoffzellen funktionieren am besten mit »grünem« Wasserstoff, der per Elektrolyse gewonnen wird. Bei ihm ist nämlich auf natürliche Weise sichergestellt, dass er nur einen äußerst geringen Anteil von Kohlenmonoxid (CO) enthält. Die Verunreinigung durch Kohlenmonoxidmoleküle blockiert die chemisch aktiven Teile des Platins im Katalysator und verkürzt seine Lebensdauer, beziehungsweise macht ihn gleich ganz unbrauchbar. Man kann sich unschwer vorstellen, dass der CO-Gehalt von Wasserstoff aus der Erdgas- oder gar Steinkohlenreformation ungleich höher ist als die tolerablen 10 ppm. Wobei *ppm* für *Parts per Million* stehen. Auf eine Million H_2-Moleküle dürfen also nicht mehr als zehn CO-Moleküle kommen. Die Reinigung des Wasserstoffs ist aufwendig und eine wissenschaftliche Herausforderung.

Auf dem Weltmarkt führend in der Brennstoffzellenfertigung ist der Hersteller *Ballard Technologies* aus Kanada. Die Aktie des Konzerns rangiert zurzeit auf Ramschniveau. Dennoch gilt sie als heißer Tipp unter Börsenprofis, hat sie doch in den letzten drei Jahren zwischenzeitlich ein Plus von 135 Prozent hingelegt. Der Firma kommt unter anderem der Umstand zugute, dass die US-Militärs Tag für Tag 350 000 Barrel Öl benötigen, um ihre Kriegsmaschinerie am Laufen zu halten. Umgerechnet sind das 55 650 000 Liter. Damit sind sie der größte Erdölverbraucher der Welt – ein Mordsgeschäft für alle, die vom militärischen Ölkonsum profitieren. Als Kollateralschaden achselzuckend hingenommen, ist das Klima des Planeten Erde auf die Kill-Liste der Kriegerscharen und ihrer Helfershelfer geraten.

Rücken wir diesen Umstand in den heutigen, aktuellen Kontext: Der amerikanische Präsident Donald Trump ist bestrebt, den Ölpreis nach oben zu treiben. Man darf annehmen, dass dies seine Hauptmotivation hinter der Aufkündigung des Atom-Deals mit dem Iran darstellt. Glaubt man dem Mueller-Report, so ist der Mann doch kein Hochverräter und kein Agent des russischen Präsidenten Wladimir Putin. Aber zur Wahrheit gehört nun mal, dass Russland sich fast vollständig auf sein Geschäft mit fossilen Brennstoffen verlässt und als großer Verlierer der Wasserstoffrevolution dastehen würde. Trumps Vorgänger Barack Obama hatte ihn mit seiner Förderung der Erneuerbaren Energien und dem damit einhergehenden Verfall des Ölpreises empfindlich getroffen. Ob der Mueller-Report nun stimmt oder nicht – jedenfalls führt Trump absurde Tänze auf, damit ihm zu Hause nicht das Geld ausgeht. Mit Scott Pruitt holte Trump sich ausgerechnet einen Erdöllobbyisten und Klimawandelleugner als Leiter der Umweltschutzbehörde EPA (*Environmental Protection* Agency) in sein Kabinett. Bezeichnenderweise musste Pruitt wegen Korruption zurücktreten. Sein Nachfolger Andrew Wheeler, der sich als Lobbyist der Kohlebranche einen Namen gemacht hat, ist wohl keinen Deut besser. So gesehen scheint Putins Plan auf kurze Sicht aufzugehen. Auf lange Sicht erreicht er aber das Gegenteil. Denn der hohe Ölpreis treibt ausgerechnet die US-Generäle dazu, sich nach billigeren Alternativen umzusehen. Womit wir wieder bei Ballard Technologies und ihrer *PEM-Fuel Cell* angelangt wären. Das Unternehmen erwartet 2023 Aufträge der amerikanischen Militärs in Höhe von 150 Millionen Dollar.[9] Gemessen an dem gesamten Rüstungsetat der USA, den Präsident Trump für das Jahr 2019 auf 716 Milliarden Dollar erhöhte, sind das Peanuts. Dennoch ist es eine Menge Geld, und ein Anfang ist gemacht. Auch wenn ein Nutzen für das Wohlergehen der Menschheit bei den Handlungen dieser speziellen Jünger des Wasserstoffes generell wohl eher zu bezweifeln ist, so bleibt die Hoffnung, dass es einen Übersprung auf die zivile Nutzung sauberen Wasserstoffs befördert.

Wer bei Ballard Technologies ein wenig hinter die Kulissen blickt, der findet Bemerkenswertes heraus. Seit Sommer 2018 ist der chinesische Großkonzern Weichai Power nach einem Investment von 163 Millionen Dollars mit 51 Prozent größter Anteilseigner der Firma. Weichai ist Weltmarktführer bei der Produktion von Dieselmotoren. Ein weiterer chinesischer Investor, Zhongshan Broad-Ocean Motor, erschien mit der Interessensbekundung am Horizont, weitere zehn Prozent der Firmenanteile erwerben zu wollen und wurde schnell mit den Kanadiern handelseinig. Die Rechte für Produktion und Vertrieb gehen natürlich nach China. Weichai verpflichtet sich vertraglich, bis zum Jahr 2021 mindestens 2000 Brennstoffzellen für Nutzfahrzeuge herzustellen und auszuliefern. China setzt massiv auf Wasserstoff. Jetzt schon fahren auf Chinas Straßen die sogenannten *Fuel Cell Vehicles* (FCVs). 2017 wurde die 1000er Marke überschritten. Bis 2020 sollen es über 5000 sein. Zum Vergleich: Auf deutschen Straßen fahren (Stand 2019) lediglich gut 400 FCVs. FCVs in China dienen dem öffentlichen Nahverkehr. In Peking läuft auf der Linie 384 seit über zehn Jahren ein H_2-Bus. Im nordchinesischen Zhangjiakou, einer Stadt, die 2022 gemeinsam mit Peking die olympischen Winterspiele ausrichten wird, fahren heute schon 74 FCV-Busse, was einem Anteil von 25 Prozent sämtlicher städtischer Busse entspricht. Weitere 170 sind bestellt. Viele der Fahrgäste wissen gar nicht, dass sie in einem H_2-Bus sitzen. Dies hat auch in Fernost mit der Akzeptanz von Wasserstoff zu tun, der bei Chinesen das Image potenzieller Explosionsgefahr ebenfalls noch nicht ganz abgelegt hat.

China hat massive Probleme mit Luftverschmutzung, ist außerdem Unterzeichner des Pariser Klimaschutzabkommens und augenscheinlich dabei, seine diesbezüglichen Aufgaben ernst zu nehmen. Ein Umstand, der das Reich der Mitte deutlich vom vermeintlichen Klimamusterschüler Deutschland unterscheidet. Allerdings setzen die Chinesen vorerst nur zum Teil auf elektrolytisch mit Solarkraftwerken erzeugten H_2. Der Löwenanteil wird aus der Kohlereformierung gewonnen. Wobei das in diesem Prozess anfallende Kohlendioxid abgespalten und in den Boden gepresst werden soll. Ob dies auf Dauer funktioniert und sinnvoll ist, sei dahingestellt.

Das ist aber noch nicht alles. Noch ein erstaunlicher Player hat die Finger bei Ballard im Spiel: Anglo American Platinum Limited, eine der größten Minengesellschaften der Welt, die nicht zufällig Platin im Namen trägt: Das Edelmetall gehört zu ihrem Kerngeschäft. Im südafrikanischen Bushveld-Komplex wird es im großen Stil abgebaut. Lange Jahre boomte der Absatz, denn Platin ist neben vielen anderen Anwendungsgebieten, fester Bestandteil eines jeden Dieselkatalysators. Doch der Dieselboom ist vorbei, und das in den Kats verarbeitete Platin wird restlos recycelt. Die Nachfrage sinkt also, und so geht die Bergwerksgesellschaft in die Offensive und beabsichtigt, mit der PEM-Brennstoffzelle einen potenziell gewaltigen, neuen Markt zu erschaffen. In China erwacht gerade ein Drache, dem im Schlaf die Träume der südafrikanischen Megamaulwürfe erschienen sind. Es ist bestimmt kein Zufall, dass bereits die ersten Untertage-Wasserstofflokomotiven von südafrikanischen Kumpels durch Minen gesteuert werden, die vorher von Brennstoffzellen-Bulldozern durch die Eingeweide der Erde gefressen worden sind.

Ausgerechnet Shell

»Ich traue nur der Statistik, die ich selber gefälscht habe.«

Angeblich Winston Churchill,
wahrscheinlich jedoch von Joseph Goebbels

Bevor wir uns tiefer hineinverirren in das Labyrinth der Wasserstoff-Startups, wollen wir einen Blick auf einen ganz bestimmten Ölkonzern richten, der in Wahrheit sein Kerngeschäft vor dem Ende sieht. Ausgerechnet Shell, der Verkommenste unter den ohnehin schon Fiesen, der Bad-Boy des Kartells, ausgerechnet dieser holländisch-britische Fossil-Dinosaurier hat eine großangelegte Studie zum Thema Wasserstoff in Auftrag gegeben. Titel: *Energie der Zukunft?*

Eine Wahrheit sehen und eine Wahrheit akzeptieren sind zwei Paar Schuhe. Davon zeugt das Fragezeichen hinter dem Titel. Zu lange schon schmiert der Petro-Dollar die Spirale einer Weltwirtschaft, die wie ein suchtkranker Junkie einerseits davon träumt, von der Droge loszukommen, sich aber ein Leben ohne sie nicht vorstellen kann. Wenn jedoch selbst Ölkonzerne die Wasserstoffgesellschaft heraufdämmern sehen, dann sind wirklich Dinge im Umbruch. Wer die Shell-Studie liest, erfährt viele interessante Dinge zu einer

Vielzahl von Fakten zu dem Thema, die sich teilweise und in ähnlicher Form als notwendiges Allgemeinwissen auch auf den Seiten dieses Buches finden lassen. Dennoch wäre es naiv, eine solche Studie zu betrachten, ohne die Sinne geschärft zu haben für die propagandistischen Fallstricke, hinter denen Shell seine wahren Absichten verbirgt. Bevor wir uns ein wenig auf die Suche begeben, müssen wir uns fragen, wo diese liegen könnten.

Da ist zum einen gewiss der Wille, so lange wie möglich so viel Geld wie nur irgend geht, aus dem Geschäft mit Öl und Gas zu scheffeln. Auf der anderen Seite wollen Shell und Konsorten den Zug mit der Aufschrift »Erneuerbare Energien« natürlich nicht abfahren sehen, ohne selber an Bord zu sein. Dieser Zug wird nicht bloß figurativ auf Wasserstoff angewiesen sein. Seit dem 16. September 2018 verbindet der weltweit erste Zug mit dem irritierenden Namen »Coradia iLint« die niedersächsischen Städte Cuxhaven, Bremervörde und Buxtehude. Gebaut wurde er von der in Salzgitter ansässigen Firma Alstom. Setzt sich diese Entwicklung fort, so steht also auch die gute alte Diesellok vor dem baldigen Aus. Doch sei dies nur am Rande erwähnt. Die größte Gefahr für das Geschäftsmodell des Ölkartells ist die dezentrale Wasserstoffgewinnung per Elektrolyse aus erneuerbaren Energien oder gar der Algenwasserstoff aus eigenem Anbau. Die Hoffnungen des Kartells indes richten sich auf die schwierige Handhabbarkeit von Flüssigwasserstoff, die mit aufwendiger Technik verbunden ist und somit nur von Großkonzernen mit Unterstützung der Politik gelingen kann. Diese Technik ist sowieso dermaßen teuer, dass sie vorerst einzig für reiche Industrienationen in Frage kommt. Wie sehr Shell hier auf dem Holzweg sein könnte, einfach, weil die technische Entwicklung bei den komplizierten Flüssigwasserstoffverfahren nicht stehengeblieben ist, werden wir im folgenden Kapitel sehen, in dem es um die chemische Bindung von Wasserstoff in Flüssigkeiten, sogenannten *Liquid Organic Hydrogen Carriers* (LOHCs), geht.

Wer sich mit den in der Studie offengelegten Shell-Visionen von der zukünftigen Wasserstoffgesellschaft beschäftigt, der lernt, dass heutzutage der absolute Löwenanteil der weltweiten Wasserstoffproduktion aus der Reformierung fossiler Energieträger gewonnen wird. Dieser »graue« Wasserstoff passt natürlich gut ins Konzept des Konzerns. Während die Elektrolyse aus Atomstrom hübsch hinter dem Pfad »EU-Strom-Mix« versteckt wird und ansonsten keinerlei Erläuterung findet, lernen wir, dass angesichts heutiger Strompreise die fossile Reformierung am kostengünstigsten sein soll. Dies wissend, fällt es natürlich nicht besonders schwer zu verstehen, warum Wirtschaftsminister Peter Altmaier von der CDU so verbissen an den künstlich hochgehaltenen Kosten für Strom aus den Erneuerbaren festhält.

Dazu finden wir auf Seite 18 der Shell-Studie folgende erhellenden Sätze:

»Die Möglichkeit, Wasserstoff in großem Maßstab etwa durch Solarenergie in Nordafrika oder Offshore-Windenergie in Nordeuropa herzustellen und per Schiff nach Deutschland zu transportieren, wird an dieser Stelle ausgeklammert. Aufgrund verschiedener, nicht nur technischer, sondern auch geopolitischer Aspekte ist die Realisierung dieser eher langfristig bedeutsamen Option noch nicht zu bewerten.«

Woher kommt auf einmal diese Zurückhaltung? Seit wann hat Shell ein Problem mit Geopolitik? Wenn es darum geht, Ölquellen oder Gasfelder auszubeuten, war das, jedenfalls bislang, kein Hindernis. Zur Not wird die Geopolitik einfach mit einem gerüttelt Maß an Skrupellosigkeit auf Linie gebracht. Sinnbildlich hierfür steht das Vorgehen des Konzerns im Nigerdelta. Hier, wo der majestätische Strom nach knapp 4200 Kilometern in den Atlantik mündet, verwandelte Shell ein tropisches Paradies in eine neokolonialistische Hölle aus Umweltverseuchung und menschlichem Elend – Folgen waren Bürgerkrieg und Massaker an der unbequemen, weil am stärksten von den Umweltschädigungen betroffenen Volksgruppe der Ogoni. Shell ließ sich nicht nur zu illegalen Waffenlieferungen an Milizen hinreißen, mit seinen schmutzigen Petro-Dollars kaufte es gleich das ganze Nigerianische Militärregime. Ich erinnere an den Schriftstellerkollegen und Bürgerrechtler Ken Saro-Wiwa, der 1995, im Alter von 54 Jahren, auf Betreiben von Shell gemeinsam mit acht Mitstreitern von der damaligen Militärregierung unter dem Diktator Sani Abacha (1943–1998) gehenkt wurde. Ungezählt sind die Verbrechen, die aus Gier nach dem schwarzen Gold verübt wurden. Möge der Mord an Ken Saro-Wiwa stellvertretend für sie alle stehen.

2009, vierzehn Jahre nach der Tat und elf Jahre nach dem Ableben des Diktators infolge einer Überdosis Viagra, in Gegenwart von drei indischen Prostituierten, zahlte Shell 15,5 Millionen Dollar an die Hinterbliebenen. Dabei betonte der Konzern, dies sei kein Schuldeingeständnis. Die Millionen waren Peanuts, verglichen mit den geschätzten fünf Milliarden Petro-Dollars, die allein Sani Abacha vor seinem sexualisierten Ableben außer Landes schaffen konnte. Seit 2017 läuft am Gerichtshof für Menschenrechte in Den Haag, auf Initiative von Amnesty International, der Prozess gegen Shell wegen Mittäterschaft an der ungesetzlichen Verhaftung und Hinrichtung der neun Männer. »Geopolitische Aspekte« als Hinderungsgrund für die ausgiebige Produktion »grünen« Wasserstoffes kaufe ich dem Shell-Konzern nicht ab.

Fraglich bleibt, was Shell dazu bewegt, nicht in afrikanische Solarparks zu investieren, obwohl der Konzern genau wie auch Total Gründungsmitglied im Hydrogen Council ist. Der Hauptgrund wird folgender sein: Es ist die Angst vor einer dezentralisierten Konkurrenz. Nicht jeder hat schließlich eine Ölquelle, ein Gasfeld oder Kohleflöze auf seinem Land. Was Sonne und Wind angeht, sieht die Sache schon anders aus. Da lässt sich geopolitisch wahrscheinlich wirklich nicht besonders viel dran ändern. Shell treibt die Angst vor einem Dammbruch.

Eine Seite weiter stoße ich auf das Balkendiagramm »Erzeugungskosten von Wasserstoff« mit Ist-Zustand und Ausblick. Es werden gegenübergestellt: Erdgasreformierung zentral/dezentral, Elektrolyse zentral/dezentral und Biomasse zentral/dezentral. Mit drei Euro am billigsten ist demnach der Preis für die zentrale Erdgasreformierung. Hier wird die Aussicht gegeben, dass der Preis auf zwei Euro sinken könne. Mit zwölf Euro am teuersten hingegen ist die dezentrale Hydrolyse. Für sie und für die dezentrale Erzeugung aus Biomasse, werden keine Prognosen geliefert.

Wer also ein wenig zwischen den Zeilen zu lesen versteht, der begreift: Eine dezentralisierte Versorgung der Menschen mit Wasserstoff weckt bei den Energiekartellen die Angst vor dem Untergang. In den Chefetagen der Konzerne und den

Hinterzimmern der Politik geht ein Albtraum um: Jedermann mit Zugang zu ein wenig Wind oder Sonne oder Strömung erzeugt sich seinen eigenen Wasserstoff, versorgt damit sein Haus mit Strom und Wärme, tankt sein Auto und verkauft eventuelle Überschüsse an seine Nachbarn oder wen auch immer. Mit Beginn der Massenfertigung wird die erforderliche Technik auch für Max Mustermann erschwinglich werden. Nach einmal abgegoltenen Investitionen fallen höchstens noch Wartungskosten an. Es gäbe Energie sozusagen zum Nulltarif. Der Kollaps der alten Kartelle wäre unausweichlich.

In Gedenken an Ken Saro-Wiwa wird es Zeit für einen Appell!

Lasst uns alle darauf hinarbeiten, diesen Alptraum der Kartelle eher früher als später wahr werden zu lassen!

Energetische Nachbarschaft

»Water, water everywhere,/
Nor any drop to drink«

Samuel Taylor Coleridge:
»The Rhyme of the Ancient Mariner«

Auf einem ehemaligen Fliegerhorst in Oldenburg wird in
diesen Tagen ein Grundstein gelegt, der symbolisch für
den Eintritt in eine Wasserstoffgesellschaft steht, wie sie so gar
nicht nach dem Geschmack von Shell und Konsorten sein
dürfte. Die Rede ist vom Energetischen Nachbarschaftsquar-
tier ENaQ. In einem Teilbereich des 3,9 Hektar großen Areals
wird ein Reallabor geplant, das eine eigenständige Energieversorgung zum Ziel hat und auf Wasserstoff als unverzichtbares
Speichermedium setzt. Einmal ausgereift, soll das Konzept auf
Bestands-Nachbarschaftsquartiere anwendbar sein. Deswegen
wird nicht nur mit Neubauten experimentiert, sondern es werden auch eine Reihe alter Offizierskasernen renoviert und entsprechend umgebaut. Selbstverständlich besitzen die Hausdä-
cher Solarmodule. Die Vision der Häuslebaurevoluzzer ist es,
im Jahr 2028 75 Prozent des gesamten Neubaugebiets in das
Projekt einbezogen zu haben und 95 Prozent der selbst erzeugten Elektrizität mittels *Power to Gas* auch selbst nutzen zu kön-

nen. Was darüber hinaus an Strom benötigt wird, soll ein kleiner Windpark in der Nachbarschaft liefern. Das Wohnquartier wäre so gut wie emissionsfrei. Sowohl das Ministerium für Wirtschaft und Energie als auch das Ministerium für Bildung und Forschung sind involviert.

Neugierig geworden, greife ich zum Telefonhörer, um mit Sven Rosinger zu sprechen, der das Projekt für die Uni Oldenburg betreut. Mein Anruf landet im OFFIS-Institut für Informatik. Zunächst erfahre ich, dass das Projekt vom Deutschen Zentrum für Luft- und Raumfahrt (DLR) geleitet wird. Willkommen in der Zukunft. Ich hole vorweg ein paar Infos ein. Ja, alles befinde sich noch in der Planungsphase. Sektorenkopplung sei das neue Zauberwort. Die Verbindung der drei Energiebereiche Strom, Wärme und Mobilität. Und ja, die Anschaffung eines Elektrolyseurs sei geplant.

»Wissen Sie eigentlich, dass Sie ein Mensch sind, vor dem Shell und Co. gewaltige Angst haben?«, so meine letzte Frage.

»Ja. Kann ich mir vorstellen.«

»Sven Rosinger, für mich sind Sie ein Held unserer Zeit.«

Ich beende das Gespräch. Auch dieser Wasserstoffrebell wirkt auf mich nüchtern, bürokratisch, wissenschaftlich und verhalten optimistisch, ein unbeirrbarer Pionier auf dem Pfad in die emissionsfreie Zukunft. Was aber, so denke ich, machen die Ökorebellen der ersten Stunde, wenn die Rebellion schon im Deutschen Luft- und Raumfahrtzentrum angekommen ist? Was unternimmt eigentlich Greenpeace in Sachen Wasserstoff? Die Antwort ist einfach: Greenpeace setzt ebenfalls auf Power to Gas.

Bereits 1999 wurde auf Betreiben der Ökokrieger die Genossenschaft *Greenpeace Energy* (GE) gegründet. Formell sind die

Umweltschützer und der Energieversorger voneinander unabhängig. Einzige Voraussetzung für die Namensnutzung ist die Lieferung von ausschließlich regenerativ erzeugter Energie. Die Naturschützer mutierten von Idealisten zu Kapitalisten, um dem fossilen Kapital Paroli bieten zu können. Auf dieser Verwandlung fußt ihre Zusammenarbeit mit der Firma *Enertrag* mit Sitz im brandenburgischen Dauerthal. Die auf Windkraft spezialisierte Firma betreibt bereits seit 2011 das weltweit erste Hybridkraftwerk in Prenzlau. Es besteht im Wesentlichen aus drei Windrädern mit jeweils 2,3 MW und einem 500 kW Elektrolyseur. Wenn in Spitzenzeiten überschüssiger Windstrom anfällt, speichert das Hybridkraftwerk diesen in Form von Wasserstoff. Zur Rückverstromung dienen zwei Blockheizkraftwerke, die mit einem Gemisch aus Wasserstoff und Biogas betrieben werden. Der Wasserstoff wird allerdings, nach vorheriger Methanisierung, auch ins Erdgasnetz eingespeist. Bei der Methanisierung wird künstliches Erdgas (CH_4) unter Einsatz von Wasserstoff und Kohlendioxid (CO_2), beziehungsweise -monoxid (CO) hergestellt. Dies bringt uns zum Thema Erdgasnetz. Während der Bau der Stromtrassen, die den Windstrom von der stürmischen Nordsee in den von Flauten geplagten Süden Deutschlands bringen sollen, einfach nicht vorangehen will, denkt niemand der politisch Verantwortlichen daran, dass wir in unserem Land bereits ein bestehendes Netz haben, dass dieses Werk problemlos vollbringen könnte. Selbst reiner Wasserstoff könnte hier eingespeist werden. Wasserstoff in unseren Gasleitungen – kann das funktionieren? Zur Beantwortung dieser Frage lohnt eine Rückschau in die Mitte des 19. Jahrhunderts. Als *Homo industrialis* noch in seinen Kinderschuhen steckte, entdeckte er das sogenannte

Stadtgas für sich. Das giftige Gebräu bestand aus verschiedenen Gasen, die bei der Kohlevergasung entstanden. Jedes Gaswerk mixte seine eigene Rezeptur. Bis in die 1970er-Jahre diente es in Straßenlaternen als Leuchtmittel, Hausfrauen kochten darauf und Selbstmörder brachten sich damit um. Stadtgas bestand in der Regel zu über 50 Prozent aus Wasserstoff. Heute darf die Beimischung nicht mehr als zwei Prozent betragen. Der Grund hierfür sind alte, mit Erdgas betriebene Autos. Deren Stahltanks korrodieren bei einem höheren Wasserstoffanteil. Diese alten Autos werden jedoch immer seltener, so dass eine Änderung der Gesetzeslage in baldiger Zukunft zu erwarten ist.

Über die Aktivitäten von Greenpeace Energy und Enertrag schreibt die Deutsche Energie Agentur (DENA) in ihrem Blog:

»Das Modell könnte sogar zur Keimzelle einer neuen, dezentralen Wirtschaft werden – mit der kompletten Wertschöpfungskette im eigenen Land.«

Dieselben nicht unbedingt als ökologische Sektierer bekannten Leute schreiben jedoch an anderer Stelle, in ihrer bereits 2016 veröffentlichten Studie »Potentialatlas Power to Gas«:

»Einige Bundesländer haben die strategische Bedeutung von Power to Gas bereits für sich erkannt und unterstützen Forschung und Pilotprojekte zu Power to Gas. Die relevanten regulatorischen Stellschrauben liegen aber auf Bundesebene.«

Nur hier tut sich nicht viel. Wer nämlich beispielsweise Windstrom nimmt und ihn via Elektrolyse in Windgas umwandelt, zahlt denselben Preis, als würde er den Strom einfach verbrauchen. Obwohl die »Klimakanzlerin« Angela Merkel 2009 öffentlichkeitswirksam den Grundstein für das Hybridkraftwerk in Prenzlau legte, versäumte sie es in der Folge, auch eine gesetzliche Grundlage für seine Wirtschaftlichkeit zu schaffen. Stattdessen herrschen bei uns bis heute Zustände, die die DENA mit folgenden sanft formulierten Sätzen geißelt:

»Aktuell sind der Ausbau der erneuerbaren Energien und der Ausbau der Stromtransportnetze nicht synchronisiert, so dass es regional vermehrt zu Zeiten kommt, in denen der erneuerbare Strom nicht vollständig ins Stromnetz aufgenommen werden kann. Die resultierenden Abregelungen sind volkswirtschaftlich nicht sinnvoll, da der Strom zwar vergütet wird, aber nicht genutzt werden kann.«

Ein Schelm, wer Böses dabei denkt.

Ich trete in Kontakt mit der Presseabteilung von Greenpeace Energy. Michael Friedrich ist mein Ansprechpartner und offensichtlich erfreut, in mir jemanden zu finden, der die Botschaft von der heraufdämmernden Wasserstoffgesellschaft in die Welt hinausträgt. Zunächst einmal geht es mir um Grundsätzliches.

»Wenn Wasserstoff kommt, können Länder wie Russland oder Saudi-Arabien einpacken. Die haben ihre Wirtschaft einseitig auf die Förderung von fossilen Energien ausgerichtet.«

Sie müssten, antwortet er, ihre Wirtschaft zum Erreichen der unverzichtbaren Klimaziele von Paris jedenfalls von der Förderung und dem Verkauf fossiler Energien auf die Produktion erneuerbarer Energien umstellen.

Friedrichs Formulierung ist milder als meine. Im Kern läuft sie auf dasselbe raus. Hoffentlich kommt die Botschaft in Moskau, Riad und Caracas, um nur einige der möglichen Adressaten zu nennen, früh genug an, denke ich. Insgesamt ist der Pressesprecher ausgesprochen gut informiert und versorgt mich mit vielen Tipps und Trends. So erfahre ich beispielsweise, dass das Problem mit der Endverbraucher-Einstufung von Elektrolysen beim Bezug von Grünstrom neue Aufmerksamkeit erhalten dürfte, weil immer mehr Industrieunternehmen in den Markt einzusteigen gedenken.

Sogar die Thyssengas GmbH ist mit von der Partie. Für die Regierung könnte dies bald schon bedeuten: Druck aus der Industrielobby. Auf deren Weisung hören einige Damen und Herren ja traditionellerweise wesentlich besser als auf Forderungen von Greenpeace und Co.

Thyssengas engagiert sich gemeinsam mit Gasunie und TenneT in einem Projekt, das in Anspielung auf die Stellung von Wasserstoff im Periodensystem, den Namen *Element Eins* trägt. Ziel ist die Errichtung einer 100 MW Power-to-Gas-Großanlage in Niedersachsen. Sie könnte eine Kleinstadt mit Strom versorgen. Anvisiert wird die Produktion von 20 000 Kubikmetern Wasserstoff pro Stunde! 2022 soll die erste Stufe des 130-Millionen-Projekts in Betrieb genommen werden.[10] Zum Einsatz kommen soll überschüssiger Strom aus Offshore-Windanlagen. Die Wasserstoffinfrastruktur wächst also.

Eine gewichtige Rolle bei dieser Entwicklung ist der Emissionshandel. CO_2-Zertifikate für eine Tonne Kohlendioxid waren lange Zeit mit fünf bis sechs Euro pro verschleuderter Tonne billig zu haben. Ab 2019 sollen 24 Prozent der Zertifikate dem Markt entzogen werden. Die Verknappung hat heute schon zu einem Preisanstieg von knapp 25 Euro geführt. Für die nächsten Jahre werden 35 bis 40 Euro erwartet. Wie wir wissen, herrscht in der Industrie seit jeher ein großer Bedarf an Wasserstoff. Wird dieser nun »grün« gewonnen und nicht wie bisher aus der Erdgasreformation, so wird sich das bei den hohen Zertifikatpreisen sehr bald rechnen. Da lohnt sich die Sektorenkopplung. Auf sie wollen wir an dieser Stelle etwas näher eingehen. Das Wort werden wir noch öfter zu hören bekommen. Was genau ist damit gemeint? Die Menschheit braucht Energie hauptsächlich für folgende vier Bereiche: Heizen (beziehungsweise Kühlen), Transport, Industrie und Elektrizität. Diese verschiedenen Bereiche werden als Sektoren bezeichnet. Bislang hat man jeden dieser Sektoren für sich allein betrachtet und nach individuell angepassten Lösungen der Energieversorgung gesucht. Die Sektorenkopplung sucht nach einem gesamtheitlichen Konzept. Hier kommt H_2 gewichtig ins Spiel. Ein einfaches Beispiel: Ist das Stromnetz überlastet, weil auf der Nordsee der Blanke Hans regiert, gewinnt man Wasserstoff und versorgt mit ihm über das Gasnetz die Haushalte, die damit ihr Abendessen kochen und bei aufgedrehter Heizung, hübsch im Hellen und Warmen, mit vollen Bäuchen, gemütlich das Toben der Elemente abwarten. Nun weht der Sturm so wild, dass alle diese Anwendungen ausgereizt sind und man immer noch zu viel Energie hat. Also füllt man den Wasserstoff in Stahltanks und fährt ihn in die nächste Düngemittelfabrik, wo via Ammoniaksynthese der Kunstdünger hergestellt wird, um den Mais für die Biogasanlage sprießen zu lassen, die dann in der Dunkelflaute zwei Wochen nach dem Sturm dafür sorgt, dass immer noch genug Strom und Gas für alle da ist. Aus »Power-to-Gas« wird »Power-to-X«. Das X wird unter Wasserstoffrebellen unter anderem so ausdefiniert: »Power-to-Gas«, »Power-to-Ammonia«, »Power-to-Power«, »Power-to-Heat«, »Power-to-Mobility«.

All dies geschieht, ohne das Klima weiter zu belasten. Nur leider sterben durch den in Monokultur angebauten Biogas-Mais unsere Vögel und Insekten aus. Hier kippt das Paradies. Die Unterscheidung zwischen »Grün« und »Grau« wird unscharf. Sektoren wie dieser müssen ausgekoppelt werden. Den irrsinnigen Energieumweg der Biogasgewinnung brauchen wir nicht, wenn ausreichend Wasserstoff als Energiepuffer vorhanden ist. Das ist eine simple Wahrheit, mit der man sich zur Mehrung der eigenen Ehre eine Vielzahl hervorragender Feinde schaffen kann – vom Bauernverband über die Vertreter der Pestizid- und Düngemittelindustrie bis hin zu den Gewerkschaften, der Partei Die Grünen und den Fossilkartellen. Wichtig für die Sektorenkopplung sind Knotenpunkte, die die verschiedenen Bereiche des Energiebedarfs miteinander koppeln. Womit wir wieder beim Hybridkraftwerk angelangt sind, welches dieses am besten leisten kann.

Nachdem meine Gedanken den Kurztrip durch das verzwackte Labyrinth der Sektorenkopplung genommen haben, kehren sie zu einem Knotenpunkt zurück, der in diesem Fall mein Gespräch mit dem Vertreter von Greenpeace Energy meint. Michael Friedrich erinnert mich auch an die Wasserstoffstrategie der Bundesregierung, die bereits 2016 vom damaligen Bundesverkehrsminister Alexander Dobrindt (CSU) vorgestellt wurde, ohne dass dieser Meilenstein in der deutschen Öffentlichkeit nennenswerten Eindruck gemacht hätte. Wir kommen auf das Problem der derzeit noch hohen Kosten zu sprechen. Friedrich lenkt meine Aufmerksamkeit auf eine Studie seines Hauses aus dem April 2018, laut der der Preis für Windgas um das Jahr 2035 herum unter den von Erdgas fallen dürfte. Grund für die Entwicklung werden neben stetig steigenden Preisen für CO_2-Emissionszertifikate die Effizienzsteigerung der Elektrolysesysteme auf der einen und Optimierung in den industriellen Produktionsabläufen auf der anderen Seite sein. Voraussetzung dafür sei, dass schon bald der Einstieg in eine industrielle Serienfertigung der Elektrolyseure gelinge.

Auch im stets innovativen Holland wird eifrig an der Errichtung einer »grünen« H_2-Industrie gebastelt. Jahrzehntelang wurde in Groningen ein gigantisches natürliches Gasfeld ausgebeutet. Man nahm dafür in Kauf, die Gegend nahe der deutschen Grenze in ein Erdbebengebiet zu verwandeln. Das letzte große Erdbeben erreichte am 8. Januar 2018 eine Stärke von 3,4 auf der Richterskala. Heute sind die Vorkommen nahezu erschöpft, die Gasinfrastruktur samt Knowhow und Personal aber immer noch vor Ort. Es herrschen also optimale Voraussetzungen für Power to Gas. Groningen soll Wasserstoffprovinz werden. Der holländische Wasserstoff-Evangelist, Professor Ad van Wijk, postuliert ein Produktionsziel von 270 000 Tonnen Wasserstoff pro Jahr. In dieser Größenordnung würde der Kilopreis auf eine Spanne von zwei bis drei Euro sinken. Power-to-Gas beflügelt viele Fantasien. Die Industrie plant bereits die Errichtung von Wasserstofffabriken auf hoher See, nahe der Windparks. Von dort kann das H_2 mit Schiffen angelandet und in das bestehende Pipelinesystem eingespeist werden.

Auch Greenpeace Energy folgt brav dem kapitalistischen Grundprinzip des »Wachse oder weiche!« und klinkt sich in einen Norddeutschen Knotenpunkt ein. »Wir haben am Umspannwerk Haurup einen idealen Ort für unser Projekt gefunden«, lässt sich Reinhard Christiansen, Geschäftsführer von Energie des Nordens (EdN), zitieren. Er und sein Kollege Jan-Martin Hansen stehen einem Zusammenschluss von rund 80 regionalen Unternehmen im Bereich der erneuerbaren

Energie vor, die gemeinsam mit *Greenpeace Energy* das Projekt betreiben. Die beiden Wikingertypen haben dicke Bäuche und wilde Bärte. Bei der Unterzeichnung des Vertrags mit Greenpeace Energy strahlen sie gemeinsam mit dessen Vorstand Sönke Tangermann in die Kameras wie texanische Ölbarone bei der Errichtung ihres ersten Bohrturms. In Haurup treffen die Trassen mit dem Windstrom der Umgebung auf die kapazitätsstarke Gasleitung »Deudan«. Gefördert vom Programm Norddeutsche Energiewende 4.0 (NEW 4.0), sind an dem Projekt sowohl der Stromnetzbetreiber Schleswig-Holstein Netz sowie Gasunie als Betreiber der Deudan-Gaspipeline beteiligt. Um eine Kartellbildung zu unterbinden, darf in Deutschland nämlich ein Energieerzeuger nicht gleichzeitig der Betreiber eines Netzes sein.

Die rund 20 000 Kunden von Greenpeace Energy dürfen sich zukünftig auf 3,75 Millionen Kilowattstunden »grünen« Wasserstoffs aus einem PEM-Elektrolyseur des Typs ME 450/1400 der Lübecker Firma *H-Tec* freuen.

Im globalen Kontext sind das alles Trippelschritte. Noch gleicht das Ringen der Erneuerbaren Energien (EE) mit dem globalen Ölkartell dem Kampf von David gegen Goliath. Noch sind die Akteure idealistische, intelligente Menschen mit Sinn für die Zukunft. Für das Fossilkartell wird es zunehmend zum Rückzugsgefecht. Da ist erst mal jedes Mittel recht. Man bekommt zusehends den Eindruck, dass die gesetzlichen Regelungen, angefangen von der EEG-Umlage bis hin zu den Bauvorgaben für Windräder, absichtlich und böswillig so getroffen werden, dass sie die Erneuerbaren in Misskredit bringen. Die einseitige Förderung der absolut umweltschädlichen und zudem auch noch unpraktischen Batterieautos spielt da in derselben Liga.

Zur Untermauerung dieser These möchte ich über meine Erfahrungen berichten, die ich machen musste, als in unmittelbarer Nähe am Rande unseres Siebengebirges ein Megawindpark geplant wurde. Achtzehn zweihundert Meter hohe Türme sollten mitten hinein in eine der schönsten Landschaften Deutschlands gepflanzt werden. Die rot/grüne Landesregierung von Rheinland-Pfalz hatte bestimmt, dass zwei Prozent der Landesfläche für die EE zur Verfügung gestellt werden sollten. Vor allem Wälder werden seitdem zunehmend für die Windkraft in arge Mitleidenschaft gezogen. Die Auswirkungen auf den Artenschutz sind verheerend.

Bei uns am Asberg lief die Tragikomödie folgendermaßen ab. Der Gemeinderat der VG Unkel war aufgefordert, Gebiete für die EE auszuweisen. Die VG Unkel liegt aber im engen Rheintal, einer Schlucht, wo kein Wind weht. Sie ist umgeben von naturnahen, wunderschönen, Buchen-, Eichen- und Esskastanienwäldern, die die Höhenzüge des Naturparks Rhein-Westerwald schmücken. Für einige Mitglieder des Gemeinderats war es kein Problem, die Initiative UWE (unsere Windenergie) zu gründen, in der dieselben Entscheidungsträger, die über die Änderung des Teilflächennutzungsplanes zu bestimmen hatten, sich Anteile an diesem Windpark kaufen konnten. Bevor der warme Subventionsregen aus der EEG-Umlage auf diese Leute herabregnen konnte, gab es allerdings noch ein kleines Problem aus dem Weg zu räumen. Die Wurzel dieses Problems lag ebenfalls in der bereits im Zusammenhang mit der Atombombe erwähnten Ludendorf-Brücke bei Remagen. Nachdem die Amis den Rhein überschritten hatten, kam es in den Wäldern dort oben zu Kampfhandlungen, bei denen tausende Soldaten auf beiden Seiten ihr Leben ließen.

Unter anderem galt es, einige Abschussrampen für die V-2, deren Reste noch bewundert werden können, zu erobern. Es wurde also geschossen und gebombt, was das Zeug hält. Die Bäume, vor allem Buchen waren voller Bleigeschosse und Schrapnellsplitter. Über die Jahre wuchs all dieses Metall in die Stämme ein und hatte zur Folge, dass kein Sägewerk die Bäume haben wollte. Die Sägen wären an dem Metall kaputtgegangen. Über die Jahrzehnte wuchs also ein Bestand an majestätischen Altbäumen heran, der beispielsweise Lebensraum für den bedrohten Schwarzspecht war. Schwarzspechte bauen große Höhlen, die wiederum von Fledermäusen, Hohltauben und einer Vielzahl von Insekten als Wohnraum genutzt werden. Schwarzspechte brauchen Altbäume. Aus genau diesem Grunde sind alte Buchenbestände auch ein Ausschlussgrund für Windparks, genau wie die Vorkommen von Greifvögeln, Schwarzstörchen und sonstigen bedrohten Arten, die sich alle in dem tollen Altbaumbestand tummelten. Tummelten? Genau: tummelten! Man löste dieses Problem ganz einfach, indem man die Waldriesen rigoros abholzte. Die aufgereihten Stämme des für die wirtschaftliche Verwertung unbrauchbaren Holzes erinnerten in ihrer Herzlosigkeit an Bilder aus Brasilien oder Indonesien. Naturschützer des NABU, mit denen ich damals zu tun hatte, berichteten mir zudem von Kronenholz, in denen sich große Reiserhaufen befanden. Allem Anschein nach waren gezielt die Bäume mit Horsten von Großvögeln abgesägt worden. Das beeindruckend laute Trommeln, mit dem die Schwarzspechte auf einem toten Ast klangvoll ihre Balz unternehmen, ist seitdem nur noch selten zu hören.

Nach dem Gemetzel ließ man eine kurze Schamfrist vergehen und verkündete offiziell den Beginn der Windparkplanung. Auf den Karnevalszügen lief eine Gruppe von Mitmenschen, die sich mithilfe von Pappmaschee als Windturbinen verkleidet hatte. Projektierer war die Energieversorgung Mittelrhein (EVM) mit Sitz in Koblenz. Der parteilose Ortsbürgermeister Carsten Fehr war sich nicht zu blöde dafür, sich für die Presse einen grünen Schlips umzubinden, als er die Vorverträge mit den Stromanbietern unterzeichnete.

Was folgte, möchte ich mit dem Krankheitsverlauf der Tollwut vergleichen. Dieser verläuft in drei Phasen: der Beißphase, der melancholischen Phase und – vor dem Exitus – der Lähmungsphase. Das Aus-dem-Weg-Räumen der Baumriesen rechne ich bereits der ersten Phase zu. Danach kamen die Gefälligkeitsgutachten. Ich beschränke mich auf das Schwarzstorchengutachten. Wenn die scheuen, waldbewohnenden Adebare morgens zu ihren Futtergründen in die Rheinauen hinabsegeln, darf verständlicherweise in ihrer Flugbahn kein Megawindpark stehen, der die seltenen Vögel und letzten Vertreter ihrer Art früher oder später zu Hackfleisch schreddert. Ein Planungsbüro aus Aachen, spezialisiert auf diese Art Jobs, stellte einen Experten ein, der die Flugbewegungen der Störche kartographieren sollte. Nach getaner Erkundung malte er rote Pfeile auf ein Satellitenbild, welche den Storchenflug symbolisieren sollte. Mirakulöserweise bewegten sich die roten Pfeile kreisförmig um das angestammte, wenn auch frisch von Horsten gereinigte Brutgebiet, den Asberg, herum. Fertig war das Gutachten, das den mit der Hoffnung auf persönlichen Profit korrumpierten Ratsmitgliedern vorgelegt werden sollte.

Angesichts solcher Zustände fand ich mich auf einmal in der Phalanx der Windparkgegner, obwohl ich von Sinn und

Nutzen der EE natürlich dennoch überzeugt bin. Die Alternativen heißen Atom oder Fossil und sind wesentlich schädlicher. Es kommt nun einmal auf das »wie« an. Entlang der Autobahnen ist die Landschaft ohnehin bereits geschädigt. Hier gibt es viele sinnvolle Orte für Windkraft. In den letzten Rückzugsgebieten der Natur haben die Industrieanlagen jedoch nichts verloren. Man halte sich bloß einmal vor Augen: Für ein einziges Fundament der Megawindräder werden rund tausend Lkw-Ladungen Beton gegossen. Die Empörung unter den Anwohnern war groß. Für viele ging es um den Wert ihrer Häuser und Grundstücke. Eine Bürgerinitiative wurde gegründet. Es setzte ein großes Hauen und Stechen ein mit Gegengutachten, Leserbriefen und Versammlungen. Die tollwütige Beißphase, in der alle aufeinander losgingen, gipfelte in der Errichtung eines Windmessmastes, mit dem über einen gewissen Zeitraum hinweg ermittelt werden sollte, wie viel Wind dort oben überhaupt weht. Es ist nämlich ein offenes Geheimnis, dass unser schönes Rheintal als Schwachwindgegend gilt.

Nun setzte die melancholische Phase ein. Es wehte kein Wind, und die Gegner des Projektes kamen mit einer seltenen Tierart nach der anderen nach vorne, die am Asberg vorkommen und sämtlich als Ausschlussgrund zu behandeln waren. Als jemand, der mit offenen Augen durch die Natur geht, konnte ich helfen mit Beobachtungen von Wildkatzen, Haselhühnern und Waldschnepfen – allesamt windkraftsensibel. Es gab noch viele andere Einwände. Infraschall etwa ist ein Problem, das bei Anwohnern der Windparks gesundheitliche Schäden hervorrufen kann. Man hört ihn nicht, dennoch macht er krank. In Berlin diskutierte man derweil die EEG-Reform.

Von vornherein unrentable Anlagen sollten nicht mehr gefördert werden. Nach und nach gingen die Planungen weg von den achtzehn Windrädern, hin zu fünf. Um den Gesichtsverlust zu verringern, entdeckte man brütende Uhus. Anders als die Buchen wurden die adlergroßen Eulen nicht aus dem Weg geräumt. Vielmehr boten sie mit ihrem scheckigen Gefieder das Deckmäntelchen, unter dem man sich aus der Affäre zu ziehen trachtete.

Es folgte die Lähmungsphase, mit der auf die Gesetzesänderung in Berlin gewartet wurde und in der eigentlich nicht mehr viel passierte. Offiziell existierten die Planungen noch, aber mehr als banges Hoffen war nicht drin. Als am 7. Juni 2016 Wirtschaftsminister Sigmar Gabriel in einem vermeintlichen Anfall von staatsmännischem Verantwortungsbewusstsein das Gesetz unterzeichnete, mit welchem dem schlimmsten Wildwuchs ein Ende gesetzt wurde, tat er dies mutmaßlich nicht, um der Natur zu helfen, sondern um seinen Freunden aus der Fossillobby zu Diensten zu sein. Man hatte erreicht, dass Umweltschützer aufatmen, weil keine EE errichtet werden. Am selben Tag traf sich der Rat der VG Unkel und entschied, aus dem Projekt auszuscheiden. – Exitus. Die Messergebnisse des Messmastes stufte man als geheim ein und hält sie bis zum heutigen Tag unter Verschluss.

Denken wir bei solchen Zuständen an die Tausenden von Windrädern, die vielerorts unter extremer Biegung der Rechtslage, ohne wirkliche Rücksicht auf Natur, Landschaftsbild und Mitmenschen errichtet wurden und werden. Diese Anlagen werden also, wenn genug Wind weht, systematisch abgeregelt, weil die Speicherung ihrer Energie in Form von Wasserstoff durch eine absurde Preispolitik seitens der Politik unwirtschaftlich gemacht wird. Womit wir wieder bei der Macht der globalen Fossilkartelle angelangt wären. Symbolhaft für deren Verquickung mit der offiziellen Macht ist die Amtszeit von Rex Tillerson (1.2.2017–31.3.2018) als Außenminister der USA unter Trump. Angeblich musste er seinen Hut nehmen, weil er im Tollhaus der Trump-Administration überraschend zur Stimme der Vernunft mutierte.

»Dass ich nicht lache!«, denkt der Mann auf der Straße. »Wir werden um die Energiewende betrogen.«

Büro Referat III b 5
Wirtschaftsministerium

»An Fortschritt glauben heißt nicht glauben, dass ein Fortschritt schon geschehen ist. Das wäre kein Glauben.«

Franz Kafka

Franz Kafkas Protagonist K. greift in dem Romanfragment »Das Schloß« wiederholt zum Telefonhörer, um mit den Mächtigen im unerreichbaren Schloss in Verbindung zu treten. Doch die Telefonleitung wird nur zum Schein aufrechterhalten. Ähnlich fühlte es sich für mich an, als ich ein paar Anrufe in das Wirtschaftsministerium hinein wagte. Es gelang mir, im Gespräch mit einer misstrauischen Frauenstimme herauszufinden, dass die Erneuerbaren Energien (EE) im Büro Referat III b 5 von acht bis zehn Ministerialbeamten verwaltet werden. Ich ließ mich verbinden und bekam einen Herrn M. an die Strippe. Nachdem ich mein Buchprojekt vorgestellt hatte, kostete es mich ein gehöriges Maß an Hartnäckigkeit, bis ich den Vornamen des Herrn M. herausgefunden hatte. M.s gibt es in Deutschland nämlich unerhört viele. Nach dem Gespräch fertigte ich ein Gedächtnisprotokoll an.

»Herr M., das große Problem bei den Erneuerbaren Energien ist doch die Speicherung des Ökostroms bei Überangebot.

Warum werden keine Anstrengungen seitens Ihrer Behörde unternommen, den überschüssigen Strom in Form von Wasserstoff speichern zu lassen?«

»Weil das viel zu teuer ist.«

M. klingt dabei wie jemand, der sich dazu herablässt, einem Schwachsinnigen die simpelsten Weisheiten des Lebens zu erläutern.

»Wie kann das teurer sein, als den Strom ins Ausland zu verschenken beziehungsweise das Ausland dafür zu bezahlen, dass es ihn abnimmt? Ich habe außerdem gehört, dass Anlagen einfach abgeregelt werden und der Steuerzahler trotzdem für diesen Strom bezahlt.«

»Das finden Sie mal schön selbst heraus. Soll ich etwa Ihre Arbeit für Sie machen?«

»Herr M. verstehen Sie mich nicht falsch. *Sie* sind meine Arbeit.«

Schweigen. Ich breche das Gespräch ab und lege auf. Ich rufe danach noch mehrfach an, will weiter eindringen ins Schloss. Einmal bekomme ich sogar eine Pressesprecherin in die Leitung, Frau Dr. Beate Baron. Zur Sache liefert sie keine Informationen. Dafür wickelt sie mich in ein Knäuel von Zuständigkeiten ein, dass ich vor lauter Zahlen-Buchstaben-Kombinationen schier verrückt zu werden drohe. Zu einem Treffen mit mir ist man im Ministerium nicht bereit.

»Die Beamten haben keine Zeit für so etwas.«

Mir kommt eine Passage des geheimen amerikanischen Sabotage-Handbuchs in den Sinn, mit dem im Zweiten Weltkrieg den Nazis das Leben schwergemacht werden sollte. Verfasst hat es der irischstämmige Geheimdienstmitarbeiter William J. Donovan (1883–1959).

»Solltest du in der glücklichen Lage sein und in einer Firma das Sagen haben, die Waren herstellt, die deinem Feind helfen, oder die aus anderen guten Gründen in den Ruin getrieben werden muss, wirken ein paar simple Tricks oft Wunder …«

Einer dieser »Tricks« bestand darin, Schlüsselpositionen mit Vollidioten zu besetzen. Das Referat III b 5 jedenfalls ist für das Thema Wasserstoff nicht zuständig, »da es sich bei Wasserstoff nicht um eine erneuerbare Technologie handelt, die über das EEG gefördert wird«. – So steht es in einer E-Mail, die mir M. schickt. Die Erneuerbaren Energien werden in Deutschland also getrennt von dem einzig sinnvollen Speichermedium Wasserstoff verwaltet. Wohlgemerkt geschehen diese Vorgänge im Jahr achtzehn, nachdem das europäische Gemeinschaftsprojekt »Cryoplane« von Airbus in der Schublade verschwand, weil auf absehbare Zeit nicht genug »grüner« Wasserstoff als Energielieferant zur Verfügung stehen würde, und zwei Jahre nach dem Inkrafttreten des Pariser Klimaabkommens.

Gas geben mit Wasserstoff

»Keine Schraube hätte ich anders gemacht.«

Ferdinand Porsche

Der Mensch ist von seiner Natur her ein Nomade. Entweder bleibt er an einem Ort, bis die Gegend leer gejagt ist, und zieht dann weiter, oder er folgt den großen Tierherden bei ihren Wanderungen. So kann er stets ausreichend Fleisch aufs Feuer legen. Auch der Entwicklung des Handels kam der natürliche Wandertrieb der menschlichen Spezies zugute. Mein Freund Greg, aus dem Volk der Secwépemc, das im kanadischen British Columbia siedelt, beschenkte mich einmal mit mehreren Coho-Lachsen. Bei der Gelegenheit erzählte er mir von seinen Vorfahren, die regelmäßig zu Fuß über die Rocky Mountains zogen, um mit den Völkern der Prärie getrockneten Lachs gegen Büffel-Produkte zu tauschen. Diese Zeit, als andernorts bereits in Dampfmaschinen grollend der Beginn des großen Weltenfeuers gelegt wurde, liegt in Nordamerika erst drei oder vier Generationen zurück.

Reisen berührt uns emotional. Wir folgen einem uralten Trieb, der uns sagt: Nur wenn du dich bewegst, kannst du überleben. Seit den Tagen der Dampfmaschine befeuert *Homo industrialis* diesen Urtrieb mit ungezählten Tonnen an Kohle und Erdöl. Das erste autoähnliche Gebilde indes, das der Mensch ersann, fuhr mit Wasserstoff. Ersonnen hat es 1860 Étienne Lenoir (1822–1900), ein Erfinder aus dem Großherzogtum Luxemburg. Er benannte es liebevoll *Hippomobile.* Das Fuhrgerät hatte große Ähnlichkeit mit einer Kutsche und stellte den Wasserstoff, mit dem sein Einzylinderzweitaktmotor betrieben wurde, während der Fahrt per Elektrolyse selber her. 1863 bewältigte Lenoir auf seinem *Hippomobile* im Zuge einer Testfahrt die neun Kilometer Strecke zwischen Paris und Joinville-le-Point. Er verbreitete Angst und Schrecken unter den Passanten und erreichte eine Durchschnittsgeschwindigkeit von atemberaubenden drei Stundenkilometern.

Der allererste Explosionsmotor, der bereits 1807 von dem Schweizer Isaac de Rivaz (1752–1828) zum Patent angemeldet wurde, fuhr mit einem Wasserstoff-Kohlegas-Luft-Gemisch. Rivaz trieb damit einen Handkarren an. Die Zündungen, mit denen der Kolben im Zylinder nach oben geschleudert wurde, erfolgten durch einen elektrischen Funken. Bei Versuchen mit dem Handkarren gelang ihm 1813 eine Serie von 25 Zündungen, die alle einzeln von Hand erfolgten. Gas geben, zünden, bumm. Sie brachten ihn auf einer Strecke von 26 Metern auf ebenfalls sagenhafte 3 km/h! Auf die Idee, einen Kolben mittels einer Explosion in einer Röhre auf Touren zu bringen, brachten Rivaz seine Experimente mit Pistolen.

Der Wasserstoffverbrennungsmotor existiert also noch länger als die Brennstoffzelle. Er funktioniert nicht viel anders als ein Motor, der mit Benzin oder Diesel angetrieben wird. Nur, dass bei ihm eine Knallgasreaktion die Kolben treibt. Sein

Wirkungsgrad liegt irgendwo im Bereich zwischen dem eines Otto-Motors und dem eines Diesels. Bei der Explosion des Wasserstoff-Luft-Gemischs entsteht, anders als bei der Brennstoffzelle, allerdings außer Wasser auch noch das gesundheitsschädliche Stickoxid. Dies liegt an den hohen Temperaturen, mit denen die Knallgasreaktion stattfindet. Sie bewirken, dass auch Stickstoffmoleküle (N_2) mit den Sauerstoffmolekülen (O_2) verschiedene Verbindungen eingehen. Eine davon ist Stickstoffmonoxid.

$$N_2 + O_2 \rightarrow 2NO$$

Es gibt auch Stickstoffdioxid (NO_2) und sogar N_2O_3 und N2O4. Hier muss man sich in Erinnerung rufen, dass bei normalen Druckverhältnissen etwa 78 Prozent der Luft, die wir mit jedem Atemzug in unsere Lungen ziehen, aus N_2-Molekülen besteht. Der Begriff Stickoxid, der in diesen Tagen das Vehikel bildet, mit dem die Regierung unter Benutzung der Deutschen Umwelthilfe die Diesel aus den Innenstädten verbannen will, um den Elektroautos zu reellen Marktchancen zu verhelfen, ist demnach ein Oberbegriff für mehrere unterschiedliche Gase. Stickoxidbildung ließe sich vermeiden, wenn man den Wasserstoff mit reinem Sauerstoff in den Zylinder gibt. Dies würde allerdings zwei Tanks erforderlich machen. Bei BMW gab es Versuche, das Problem durch eine superschnelle Motorsteuerung zu überwinden. Die Stickoxidreaktion findet nämlich nur in einem bestimmten Temperaturspektrum statt. Ab einer gewissen Temperatur, läuft der Motor so heiß, dass praktisch nur noch Wasser bei der Verbrennung entsteht.

Ein weiteres Problem ist die Schmierung. Beim herkömmlichen Verbrennungsmotor erfolgt sie unter anderem durch die sich im Kraftstoff befindenden Kohlenstoffanteile. Die fallen bei einem reinen Wasserstoffantrieb weg. Damit nicht Metall auf Metall reibt, ist die Lösung, entweder doch ein wenig Schmieröl einzusetzen, was allerdings wiederum zu einem, wenn auch geringen, CO_2-Ausstoß führt, oder den Motor aus Keramik zu bauen. Letzterer Werkstoff hat das Problem der Sprödigkeit.

Reden wir über Autos. Laut dem Statistik-Portal *Statista* waren sie im 2015 für rund 17,94 Prozent des weltweiten CO_2-Ausstoßes verantwortlich. Zum Vergleich: Beim Flugverkehr waren es im selben Jahr 2,69 Prozent und beim Schiffsverkehr 2,52 Prozent.

Bei der Internationalen Automobilausstellung IAA präsentierte BMW 1979 unter dem Eindruck der Ölkrise einen Wagen aus der 5er-Reihe, mit eingebautem Vierzylinder-H_2-Verbrennungsmotor. In seinem Tank befand sich auf -250°C heruntergekühlter Wasserstoff. Dieser Tank barg mehrere Nachteile. Er war äußerst schwer, füllte fast den kompletten Kofferraum aus und war nach ein paar Tagen leer, auch wenn der 520er ungenutzt in der Garage stand. Bei steigenden Tanktemperaturen stieg nämlich auch der Druck, so dass der Treibstoff via Überdruckventil in die Atmosphäre entlassen werden musste. Genau wie heute beim Energetischen Nachbarschaftsviertel in Oldenburg hatten auch hier unsere Astronauten die Finger im Spiel. Von vornherein war die Deutsche Versuchsanstalt für Luft- und Raumfahrt an den BMW-Projekten beteiligt. Ab Mitte der 1980er-Jahre ging der Konzern dann eigenständig seinen Weg in der Forschung und wählte für seine Prototypen stets ein Modell aus der 7er-Reihe. 1987 etwa erreichte der 735 iA mit einem Sechszylinder-Motor eine Reichweite von 300 Kilometern bei einer Leistung von rund 190 PS. Die Entwicklung ging weiter über das futuristische Rennungetüm H_2-Race, bis zu einer in einer Kleinserie von hundert Stück gebauten Limousine, die neben dem H_2-Tank auch noch einen Benzintank hatte und unter anderem den Hollywoodgrößen Angelina Jolie und Brad Pitt als fahrbarer Untersatz diente, als die beiden noch ein Paar waren und irgendwie die Welt besser machen wollten. Dieses Auto kam 2006 auf den Markt für spezielle Kunden. Ein Jahr später entschied die kalifornische Regierungskommission *Californian Air Resources Board* (CARB), die H_2-Verbrenner *nicht* als »Zero Emission Vehicle« einzustufen, und zwar wegen dem oben erwähnten Schmiermittel Öl, das mit verbrennt und ohne den ein Verbrenner einfach nicht funktioniert. Das war das Aus für die Pläne von BMW. Das Risiko, dass den Kaliforniern andere Bundessaaten folgen würden, war zu hoch und der amerikanische Markt zu wichtig. So schlugen die Bayern ihre Entwicklungsmillionen schweren Herzens in den Wind und zogen sich aus dem Projekt H_2-Verbrenner zurück. Sie haben sich an ihm im wahrsten Sinne des Wortes die Finger verbrannt.

Dennoch ist der Wasserstoffverbrenner noch immer nicht ganz vom Tisch. Man darf nicht vergessen, wie viele Arbeitsplätze an den Verbrennungsmotoren hängen. Ein Elektromotor ist nicht sonderlich kompliziert aufgebaut, fast unkaputtbar und kommt im Prinzip komplett ohne Stahl aus. Gleiches gilt für eine Brennstoffzelle.

»Bestehen Motor und Getriebe bei einem konventionellen PKW aus rund 1400 Teilen, so sind es bei einem Elektromotor samt Getriebe nicht mehr als rund 200. Kein Verbrennungsmotor, das bedeutet … konkret: keine Motorblöcke, keine Zylinderköpfe, keine Kolben, keine Krümmer und keine Abgaskrümmer. Die Stahlfraktion verliert geschmiedete Kurbelwellen, Nockenwellen, aufwändige Schaltgetriebe.«[11]

Diese bemerkenswerte Passage fand ich in einem Fachartikel der Messe Düsseldorf, anlässlich einer Gemeinschaftsmesse von vier verschiedenen stahlverbrauchenden Industrien. Manche sehen im Wasserstoffverbrennungsmotor die Chance zu verhindern, dass ein Heer von Stahl- und Aluminiumkochern, Gießern und Monteuren, bis hin zu unserem Mechaniker um die Ecke aus Mangel an Arbeit auf der Straße landen.

Eine der kleinen Start-ups, die auf eine Zukunft eines Verbrenners setzen, der mit H_2 angetrieben wird, ist die *KEYOU GmbH* aus Unterschleißheim bei München. Geschäftsführer Thomas Korn zeigt mit Langhaarmähne vor laufender Kamera, wie er einen Lkw-Dieselmotor einfach umrüstet auf H_2. Auf seiner Website[12] stellt er die Rechnung auf, dass allein in Deutschland heute schon die Menge von 2162000 Tonnen H_2 »aus Überschussstrom aus Wind-, Biogas- und Sonnenkraftanlagen sowie als Nebenprodukt der Industrie potentiell zur Verfügung steht«. Damit könne man 400000 Fahrzeuge antreiben und der Welt eine jährliche Minderung des Treibhausgasausstoßes von 25000000 Tonnen CO_2 bescheren. Ob seine Zahlen stimmen, sei dahingestellt. Ganz aus der Luft gegriffen auch sie wahrscheinlich nicht. Im Interview tut er die Meinung kund, dass die H_2-Speichertechnologie derjenigen der Batterie um Jahrzehnte voraus sei. In diesem Punkt hat der gute Mann sicherlich recht. Was die Zukunft seiner Technologie angeht hingegen, bin ich mir nicht so sicher. Ich sehe in ihr höchstens die Chance einer Übergangslösung. Aber wer weiß: *The Future is unwritten ...*

Wasserstoff in Autotanks jedenfalls bleibt spannend. So spannend, dass ich mich zu einer Reise nach Bayern entschlossen habe. Ich hätte genauso gut nach Baden-Württemberg zu Mercedes fahren können. Auch dort laboriert man seit vielen Jahren an dem Thema herum, aus Angst, den Anschluss zu verpassen, wenn eines Tages das »schwarze Gold« Erdöl aus der Mode kommen wird. Aber erstens lebt in München ein lieber Vetter von mir, den ich seit dem Begräbnis unseres Opas, also seit ungefähr einem Viertel Jahrhundert nicht gesehen habe, und zweitens waren die pfiffigen Schwaben nicht pfiffig genug, auf meine Kontaktversuche zu reagieren. Oder, wie es eins meiner literarischen Idole, Oscar Wilde (1854–1900), ausdrückte: *»The only thing worse than being talked about is not being talked about.«*

Unterwegs auf der Autobahn A3 hatte ich Gelegenheit, die Entwicklung der konkurrierenden neuen Tankmöglichkeiten zu bestaunen. Im Westerwald parkte ich für eine Pinkelpause vor einer Elektrosäule. Wie es sich für eine Outlaw-Gegend gehört, hatte irgendwer sie gerammt, so dass sie schief auf ihrem Sockel stand und außer Betrieb war. Dennoch besah ich sie mir interessiert. Nach eingehender Untersuchung stellte ich fest, dass ihr der Geldeinwurf fehlte. Tatsächlich wird nicht nur von Aldi-Süd der Ladestrom verschenkt, auch die »Supercharger« von Tesla liefern kostenlos. Hier muss etwas faul sein, denke ich. So funktioniert Marktwirtschaft nicht. Man verkauft Öllampen zu einem Spottpreis oder verschenkt sie gleich und verdient sich am Öl eine goldene Nase. Das Prinzip funktioniert genauso bei Druckerpatronen oder Kaffeekapseln. Aber bei uns in Deutschland wird der Kauf von Batterie-Autos mit Tausenden von Euros aus Steuermitteln bezuschusst, und den Strom bekommt man auch noch umsonst. Wenn aus Angst vor H_2 die eisernen Gesetze des Kapitalismus ausgehebelt werden, darf man davon ausgehen, dass sich unter gewissen Geldhaien eine nicht unbeträchtliche Nervosität ausgebreitet hat.

In Bayern fällt mir im Vorbeifahren am Autohof Geiselwind eine hohe, weiße Säule auf. Ich setze den Blinker. Tatsächlich stoße ich eher zufällig auf Deutschlands erste, direkt an einer Autobahn gelegene H_2-Tankstelle. Seit dem 4. Mai 2015 ist das Gemeinschaftsprojekt von Daimler, Linde und Total in Betrieb. An diesem Tag hielt Staatsministerin Dorothee Bär von der CSU mit breitem Grinsen die H_2-Zapfpistole in die Kameras der Reporter. Neugierig bestaune ich die Anlage von allen Seiten. Sie riecht förmlich nach Hightech. Zapfsäule und -pistole sind so ziemlich das Einzige, was noch halbwegs normal nach Tankstelle aussieht. Der hohe weiße Tank mit dem Flüssigwasserstoff LH_2 ist vakuumisoliert. Er dockt an ein metallenes Maschinenhäuschen an, in welchem der LH_2 zu Druckwasserstoff gewandelt wird. Oben auf dem Tank ist eine Art Schornstein angebracht. Auch eine Vakuumisolation kann die allmähliche Erwärmung des 253°C kalten Stoffs nicht komplett verhindern. Bei steigendem Druck entweicht der überschüssige H_2 über ein Ventil aus eben diesem Schornstein. Das Ganze ist mit einem hohen Zaun und schweren Pollern gesichert und lässt sich nicht einfach so umfahren wie das bedauernswerte Opfer der Westerwald-Rowdies, die E-Zapfsäule.

Ich gehe hinein und schwätze ein wenig mit dem Tankwart. Im Schnitt kommt einmal am Tag ein Wasserstoffauto und tankt, erzählt er. Manchmal kommt eine ganze Woche lang kein einziges und dann wieder mehrere kurz hintereinander. Einmal sei eine ganze Rallye vorbeigekommen. Über dreißig Fahrzeuge an einem einzigen Tag seien es gewesen, auf dem Weg nach Norwegen, das mit der Wasserkraft seiner vielen Flüsse das Mekka des Ökostroms darstellt. Ich überprüfe das. Auf der Webpage von Shell werde ich fündig. Eine Hydrogen-Rallye mit sechs Teams fand im Herbst 2017 statt, eine zweite kurz darauf mit bereits zwanzig Teams im April 2018. Ziel war es, innerhalb von 24 Stunden »so viele Kilometer wie möglich, mit Zwischenstopps an so vielen Wasserstoff-Tankstellen wie möglich und durch insgesamt so viele Länder wie möglich zurückzulegen«. Angesteuert wurden Tankstellen in Deutschland, den Niederlanden, Belgien, Österreich, Frankreich, Schweiz, Dänemark, Schweden und Norwegen. Die Rallye wird von H_2-Mobility unterstützt, jenem lockeren Kartell zu dem »sich Shell, Daimler, Linde, Air Liquide, Total und OMV zusammengefunden (haben), um ein deutschlandweites Netzwerk von Wasserstoff-Tankstellen zu errichten«.

Shell berichtet von 20 Teams, der Tankwart erzählte von über 30 Fahrzeugen. Hat er übertrieben oder Shell untertrieben, oder gab es Teams mit mehr als einem Fahrzeug? – Ich finde es nicht heraus. Aber bereits 2009 fuhr seine Königliche Hoheit Kronprinz Haakon von Norwegen einen Ford Focus mit Brennstoffzelle durch die erste Etappe einer *Zero Emission Rallye.* Adel verpflichtet.

In München angekommen, feiern mein Cousin und ich unser Wiedersehen über einem Stück Pizza und einem Glas Rotwein beim Italiener. Früh am Morgen springe ich in die U-Bahn und fahre hinaus nach Garching, wo ich im »Parkring Zentrum für Forschung, Neue Technologien und Innovationen« mit Pressesprecher Niklas Drechsler verabredet bin. Der Mann ist ein Juwel. Er hat für mich ein Expertengespräch, einen Besuch in der Brennstoffzellenfertigung, eine Fahrt im Brennstoffzellenauto, ein Mittagessen und eine Führung im BMW-Museum zusammengestellt. Über einen Mangel an Programm kann ich also wahrlich nicht klagen. Ich steige von der U-Bahn aus und ein in eine schöne neue Welt, die Science-Fiction atmet. Schlanke, schöne, junge Menschen in eleganter Garderobe gehen zielstrebig zwischen modernen Gebäudekomplexen ihren Weg. Es gibt junge Bäume und einen künstlichen See. In Anspielung auf das Silicon Valley nennt Drechsler den Ort, der in kürzester Zeit auf der sprichwörtlichen grünen Wiese in die Höhe gezogen wurde, »Garching Valley«.

Wir passieren die Sicherheitsschleusen, wo uns Erkennungsmarken ans Revers geheftet werden, und treffen in einem Raum, der nach Jules Vernes benannt ist, auf BMWs Wasserstoffmann, Axel Rücker. Der kernige Alpenmensch begrüßt mich mit vielen komplexen Tabellen und Modellrechnungen rund um die Themen EE und H_2. Vieles basiert auf Zahlen des Fraunhofer Instituts, dem eine Nähe zum Bundesnachrichtendienst (BND) nachgesagt wird. Die Schlapphüte sitzen natürlich mit am Tisch, wenn es um die Energiewende geht. Zweitausend Milliarden, also unfassbare zwei Billionen Euro soll der Umbau auf die Erneuerbaren bis 2050 verschlingen. Wobei auf der anderen Seite im selben Zeitraum eine Billion durch nicht verbrauchte fossile Energieträger eingespart werden könnte.

»Das Herz eines jeden Ökonomen macht Freudensprünge bei solchen Zahlen«, sagt Rücker.

Der Import von »grünem« Wasserstoff aus Norwegen und Marokko wird als Chance gesehen, den internationalen Energiehandel aufrechtzuerhalten.

»Ja«, entgegne ich »aber wenn wir den Saudis nicht mehr ihr Öl abkaufen, dann kaufen die nicht mehr unsere Panzer ...«

»Unsere Autos!«, verbessert er mich.

Ich werde das Gefühl nicht los, dass Wasserstoffexperte Rücker in seinem Unternehmen mit dem Rücken zur Wand steht. Das H_2-Programm, das der Konzern lange als Versicherung für die Zukunft verfolgte, ist durch die Hochvoltbatterien in Bedrängnis geraten. Im Einklang mit der Lobby-gesteuerten Regierung setzt BMW auf eine Strategie, die ich mit folgendem Auszug aus *Ingolstatt-Today* kommentieren möchte:

»»Es geht weder um die Umwelt, noch um die Kunden.‹ Warum Hersteller wie Audi, BMW und andere derzeit Milliarden in die neue Technologie investieren, liege ganz wo anders. Zum einen lassen sich Milliarden an EU-Fördergeldern kassieren. Daneben bewahren E-Autos die großen Hersteller vor Strafzahlungen wegen Nichterreichens der europäischen Klimavorgaben, da sie mit angeblichen Zero-Emissionsmodellen den Flottenmix nach unten drücken. Es geht selbstredend auch um das Markenimage, um ein grünes Mäntelchen und um Technologiekontrolle. ›Man baue die E-Autos im Wissen, dass sie alles andere als die automobile Zukunft seien.‹ ›Es zu machen ist billiger, als es nicht zu machen, hat mir mal ein Automanager gesagt, es ist sinnlos, aber es kostet weniger.«

Interviewpartner war Professor Jörg Wellnitz von der Technischen Hochschule Ingolstadt. So kommt es auch nicht von Ungefähr, dass Pressesprecher Drechsler beim Thema Hochvoltbatterie in ein gekünsteltes Schwärmen verfällt, während sich bei Rücker bedeutungsvolles Schweigen zu dem Thema bemerkbar macht. Werfen wir doch an dieser Stelle einen Blick auf eine Technologie, die in direkter Konkurrenz zur Brennstoffzelle steht.

Die Produktion der Rohstoffe Kobalt und Lithium sorgt für verheerende Umweltschäden und menschenverachtende Arbeitsbedingungen. Um den Deckel auf den Kosten zu halten, wird bei der Kobaltsuche im Kongo im großen Maßstab auf Kinderarbeit gesetzt. In der chilenischen Atacama-Wüste hingegen wird Grundwasser in Verdunstungsbecken gepumpt, um an das in ihm enthaltene Lithium zu gelangen. Man braucht kein Geologe zu sein, um sich auszumalen, was ein solcher Raubbau am Wasser, im Ökosystem einer sowieso schon extrem trockenen Wüste, anrichtet. Der Grundwasserspiegel sinkt rapide, Flüsse trocknen aus, Bauern verlieren ihre Existenzgrundlage, der Andenflamingo stirbt aus et cetera. Auch ist die Verfügbarkeit der seltenen Stoffe in keiner Weise dergestalt, dass sie ausreichen würde, die weltweite Autoflotte mit Akkus auszustatten. Die heutige Weltproduktion von Kobalt liegt bei 123 000 Tonnen. Allein der VW-Konzern bräuchte aber 130 000 Tonnen für seine E-Auto-Produktion, so Wellnitz weiter in einem Interview.

»Bis die Batterie für Tesla beispielsweise gebaut ist, könnte man acht Jahre lang mit einem Verbrennungsmotor fahren, um die gleiche Umweltbelastung zu erzielen.« (Jörg Wellnitz)

E-Autos werden zudem vorwiegend nachts betankt. Tagsüber müssen ihre Besitzer schließlich arbeiten. Nachts scheint aber leider keine Sonne. Hochvoltspeicher in Autos fallen als Speicher für Solarstrom also schon mal halbwegs flach. Stattdessen wird im großen Maßstab Kohlestrom in sie hineingepumpt. Außerdem sind sie schwer. Pro Kilogramm Gewicht liefert ein Auto-Akku gerade einmal 100 Kilowattstunden. Zum Vergleich: Bei Benzin sind es 12 000 Wattstunden, und ein Kilo Wasserstoff liefert 33 000 Wattstunden. Umweltschutz und echter Fortschritt sehen gänzlich anders aus. Das ist wohl auch der Grund, warum Axel Rücker und mit ihm die anderen Wasserstoffenthusiasten bei BMW erst einmal auf ihren Posten bleiben dürfen. Je länger mein Tag sich hinzieht, desto mehr erlebe ich die Autobauer als extrem verunsichert. Man steckt Milliarden in eine schlechte Technik, um das Spiel der Fossilkartelle mitzuspielen. Es ist alles andere als sicher, ob der Verbraucher dieses Spiel mitspielen wird. Wie beispielsweise ist es um all die Fahrer bestellt, die über keine eigene Garage verfügen und ihr Auto am Straßenrand parken? Wie will man die mit Strom versorgen? Sollen flächendeckend die Straßenparkplätze mit E-Zapfsäulen bestromt werden? – Völliger Irrsinn.

Rücker reicht eine Menge Zahlen dar. Ich staune über all die Zahlen. Man kann sie schwer überprüfen. Als bescheidener Autor ist es mir nicht gegeben, jedes Barrel des jährlich verbrauchten Schiffsdiesels oder jeden Liter des weltweit getankten Benzins auf die Goldwaage zu legen. Auch wenn ich selbst immer wieder mit allerhand Zahlen hantiere, bin ich höchst misstrauisch, denn diese Zahlen stammen allesamt aus dritter Hand. Während Rückers Tabellen und Diagramme in meinem Kopf herumwirbeln, schweifen meine Gedanken ab zu Professor Jörg Wellnitz, der als Inhaber des Lehrstuhls für Leichtbau in der Audi-Stadt Ingolstadt so gut Bescheid weiß um die Nachteile der Batterietechnik und der, obwohl er selbst ein überzeugter Jünger des Diesels ist, fest daran glaubt, dass die Zukunft den Wasserstoffautos gehört. Derselbe Professor behauptet, dass von den 330 existierenden Containerschiffen mit Übergröße, allein 30 so viele Schadstoffe produzieren würden, wie 750 Millionen Autos zusammen. Das deckt sich nicht mit den oben genannten Zahlen von Statista, die den Schiffsverkehr für weniger als drei Prozent des Kohlendioxidausstoßes verantwortlich machen. Okay, der Begriff Schadstoff ist nicht deckungsgleich mit Kohlendioxid. Aber wovon reden wir hier eigentlich? Auf einmal sitze ich an einem Tisch mit Geheimdiensten, Kartellen, Regierungen, Autokonzernen, Universitäten und gefährliche Armeen – und spiele als Mann des Wortes mit beim globalen Energiepoker. Eine Sache habe ich schon gelernt: Mit Wasserstoff hat man vier Asse im Ärmel und fällt auf Bluffs nicht rein.

Drechsler verweist darauf, dass die allermeisten Fahrten, gerade von Städtern, Kurzstreckenfahrten sind. Für die reiche ein Akku-Auto. Der Durchschnittsbürger unternehme im Jahr nur etwa vier Fahrten in den Urlaub oder sonstwohin, welche die Reichweite eines Benziners rechtfertigen würden. Da könne man ja dann einen Leihwagen nehmen. Wo aber bleibt da das Gefühl der Freiheit, frage ich mich, welches wir mit dem Besitz eines Autos verbinden? Wir wollen einfach jederzeit in der Lage sein, die kranke Oma in Buxtehude zu besuchen oder schnell mal an die Ostsee zu düsen. Ob wir davon wirklich Gebrauch machen, steht auf einem anderen Blatt. Womit wir wieder bei den Emotionen angelangt wären. Bei Autos geht es bekanntermaßen meist erst in zweiter Linie um Rationalität. Niemand weiß das besser als ein Autohersteller. Wie gesagt, die Verunsicherung der Branche ist bei BMW mit Händen greifbar …

Wir verlassen das Jules-Verne-Zimmer und begeben uns eine Etage tiefer in das Brennstoffzellenlabor. Hier wartet Peter Eichinger auf uns in einer ansonsten leeren Halle vor einer Brennstoffzelle. Sie strotzt nur so vor wilden, bunten Schläuchen und Kabeln. Daneben steht eine andere, die schon eher dem nüchternen Geist eines Autoingenieurs entspricht. Sie ist eigentlich nur eine Kiste mit mehreren kantigen Ausbeulungen an den Seiten. Leider handelt es sich bei dieser Brennstoffzelle nur um ein Modell. Blickt man unter die Hülle, so sieht man, dass ihr sämtliche Technik fehlt. Aber so ungefähr stellt sich BMWs Wasserstoffteam das Design einer serienreifen Brennstoffzelle vor, bekomme ich erläutert. Weiter geht es ins Labor, wo das Herz der Brennstoffzelle, 400 Membranen, unter hohem Druck zu Stapeln zusammengepresst werden, die man neudeutsch *Stacks* nennt.

»Da ist sie, die *black magic*«, sagt Drechsler.

Ich darf eine Membran in die Hand nehmen. Sie ist leicht und elastisch und man darf sie nicht knicken, sonst bekommt man Ärger mit dem BMW-Personal. Das Aufeinanderlegen der Membranen ist eine so monotone Arbeit, dass man sie am besten Maschinen überlässt, lerne ich. Wird nämlich nur eine Einzige falsch herum auf den Stapel gelegt, funktioniert die Brennstoffzelle nicht. Die Technik stammt von Toyota. Die Japaner geben die teuer entwickelte Technik an die Konkurrenz weiter: Sie handeln damit nicht uneigennützig, sondern vielmehr in der Hoffnung, gemeinsam mit den anderen die Wende hin zu diesem Antrieb zu stemmen.

Man schiebt mich nach draußen. Der Zeitplan ist eng getaktet. Auf dem Rondell vor dem Labor wartet bereits ein weißer 5er-BMW mit Dr. Timo Christ als Chauffeur. Er ist Projektingenieur und arbeitet an einer Kleinserie von Wasserstoffautos. Ich darf einen Blick unter die Motorhaube werfen. Die Brennstoffzelle ist das exakte Gegenstück des wild verkabelten Exemplars aus der Halle. Rücker und Drechsler nehmen hinten Platz, ich bekomme den Beifahrersitz zugewiesen. Wir fahren los. Man hört kurz das Brummen eines Kompressors, der Luft in die Brennstoffzelle drückt, deren Sauerstoff dort mit dem Wasserstoff des 700 bar Drucktanks zu Wasserdampf wird. 700 bar? Mein Mund wird ein wenig trocken bei dem Gedanken an die Hochdruckbombe unter unseren Hintern. Wie hoch ist die Wahrscheinlichkeit, frage ich mich, dass irgendwelche Agenten Saudi-Arabiens, Russlands, oder von sonstigen Playern im Fossilkartell nicht auf die Idee kommen, auf den Hindenburg-Effekt zu setzen und eines Tages ein paar dieser Tanks in die Luft fliegen lassen? Die Urangst vor der Gefährlichkeit von H_2 wäre sicherlich ein guter Hebel, um die Wasserstoffgesellschaft weiter fort in die Zukunft zu schieben. Wer kennt nicht Murphy's Law? – »Shit that can happen, will happen!« Der Kompressor wird übrigens beim Anfahren von einer Batterie getrieben. Hier haben wir es also mit einer Verschmelzung der konkurrierenden Speichertechnologien zu tun. Wasserstoff und Sauerstoff werden mit circa 30 bar Druck in die Brennstoffzelle geleitet. Während die Luft komprimiert wird, muss der Druck des Wasserstoffs auf dem Weg vom Tank in die Brennstoffzelle reduziert werden.

Der Hochdrucktank aus modernsten Carbonfasern habe ein Sicherheitsventil, das den Tankinhalt bei einer Beschädigung kontrolliert freigibt, versichert man mir. Immerhin sei das Tanksystem für den Straßenverkehr zugelassen. Da der E-Motor und die Brennstoffzelle frei von Vibrationen arbeiten, gleiten wir auf der Autobahn dahin wie auf einem fliegenden Teppich. Der Antrieb entwickelt ordentlich Zug. Wir steuern eine Tankstelle an, mit dem gleichen weißen, turmförmigen Gastank, den ein Schriftzug des Linde-Konzerns ziert, wie ich ihn schon in Geiselwind kennenlernen durfte. Ich darf die High-Tech-Zapfpistole bedienen und Wasserstoff in den Tank füllen. Es fühlt sich seltsam banal an.

Nach einem Mittagessen vom Asiaten in der Edelkantine am künstlichen See fährt Niklas Drechsler mich in die Münchner Innenstadt. Sein Dienstwagen ist heute ein Rennwagenbolide aus der 8er-Reihe, die sich angeblich ausgezeichnet in den arabischen Raum verkaufe. Ich erkenne in Drechsler eine Wandlung. Der Mann, der eben noch den einigermaßen technikbegeisterten Experten für emissionsfreie Fahrzeuge markierte, genießt es sichtlich, einen ordentlichen Verbrennungsmotor mit acht Zylindern steuern zu können. Seine Begeisterung kann er nicht verbergen. Das rostrote Ungetüm braucht von null auf hundert keine vier Sekunden. Dieses ist ein Auto nach seinem Geschmack. Der Elektrokram ist Schnickschnack dagegen.

»Wenn Sie den vernünftig fahren, ist der sogar einigermaßen sparsam. Da braucht er nur etwas mehr als zehn Liter.«

»Äh. Das Auto, mit dem ich gekommen bin, braucht aber nur fünf bis sechs Liter Diesel. Und das ist noch aus den nuller Jahren!«

»Ja. Aber das hat wahrscheinlich keine 530 PS.«

Damit hat er den Nagel auf den Kopf getroffen! Die Fahrt endet am »Vierzylinder«. Das im brutalistischen Stil mit ordentlich Beton errichtete BMW-Gebäude. Erbaut wurde das markante Hochhaus vom österreichischen Architekten Karl Schwanzer (1918–1975) in den Jahren 1968 bis 1973. Es steht in direkter Nachbarschaft zum Olympiagelände und hat die statische Besonderheit, dass die vier zylinderförmigen Turmelemente an Kragarmen hängen und nicht auf dem Boden ruhen. Neben dem Vierzylinder steht die nicht minder brutalistische »Museumsschüssel« von Schwanzer. Kurator Dr. Andreas Braun erwartet uns für eine Führung. Im Inneren der Museumsschüssel windet sich schneckenförmig seine Ausstellung nach oben. Es geht um Megastädte und Elektroautos. Auch sie haben bei BMW eine lange Geschichte, interessieren mich aber eigentlich gar nicht.

»Wo sind denn die Prototypen mit dem Wasserstoffverbrennungsmotor?«

Es gibt sie nicht. Das schmerzliche Kapitel Konzerngeschichte erfährt keinerlei museale Würdigung. Stattdessen führt man mich zu einem Versuchsfahrzeug mit Brennstoffzellenantrieb, das nur einmal gebaut wurde, den BMW i8 Skyfall. Der mattschwarze Schlitten fristet ein Nischendasein in einer Ecke zwischen jeder Menge Akku-Autos. Der Außenspiegel ist abgebrochen. Hier wird deutlich signalisiert: Man hat es im Programm, aber man liebt es nicht. Dr. Braun zieht mich rasch wieder von dem Wasserstoffauto fort und zeigt mir voll Stolz einen Kleinwagen, eine Elektroschaukel, eine mickrige Karre, die so gar nicht BMW ist. Da nützt es auch nichts, dass die hinteren Plätze zwei Selbstmördertüren bekommen haben. Die Karre trägt die Typenbezeichnung BMW i3.

»Wissen Sie, zu wie viel Prozent dieses Auto recycelt werden kann?«

»Ich habe keinen Schimmer.«

»Zu 99 Prozent.«

Man erwartet, dass ich beeindruckt bin. Doch ich bin enttäuscht. Hier wird eindeutig auf das falsche Pferd gesetzt. Da hilft es auch nichts, dass die Innenraumverkleidung und die Fußmatten aus Kenaf hergestellt werden, einer Faserpflanze aus der Familie der Malvengewächse. Deren Blätter haben die Form von Cannabis-Blättern, weshalb sie auch Hanf-Eibisch genannt wird. Das Kenaf wird aus Bangladesch geliefert, wofür BMW ein saftiges Minus in Sachen Nachhaltigkeit erhält.

»Wieso nimmt man nicht einfach richtigen Hanf aus Deutschland?«

»Also Herr Koch, das ist nun wirklich kein Greenwashing, was wir hier veranstalten.«

Den ganzen oberen Teil der Ausstellung nimmt das autonome Fahren ein. Die Fahrzeuge mit einer Vielzahl von Sensoren, welche während der Fahrt die Umgebung abtasten sollen, verärgern mich. Hier wird viel Hirnschmalz in technische Entwicklungen gesteckt, die meiner bescheidenen Meinung nach in ihrer Bedeutung weit hinter dem tatsächlich emissionsfreien Antrieb stehen. Wenn wir wirklich die Erderwärmung auf zwei Grad begrenzen wollen, ist auch das autonome Fahren eindeutig ein ganz, ganz falsches Pferd, denn es ändert nicht das Geringste am CO_2-Ausstoß.

Nachdem ich mich verabschiedet habe, streife ich durch den dämmrigen Olympiapark und sehe einer Mutter zu, die mit ihrem Kind die Schwäne mit Brot füttert. BMW scheint wild entschlossen, den technologischen Vorsprung vor dem Rest der

Welt in einer Schlüsseltechnologie zu verspielen. Wer die aktuellen Entwicklungen in der Branche beobachtet, der weiß, dass diese Haltung stellvertretend steht für den gesamten Autostandort Deutschland.

Dieselkriminelle auf Abwegen

> *»Technologieoffenheit ist jetzt die falsche Parole.«*

Herbert Diess, VW-Chef

> *»Unternehmenskartelle gelten seit spätestens der Nach-*
> *kriegszeit ab 1945 als schädlich für die wirtschaftliche*
> *Entwicklung und das Gemeinwohl; mittlerweile sind sie*
> *wohl weltweit im Grundsatz verboten (Kartellrecht).*
> *Wirtschaftskartelle der Gegenwart sind somit entweder*
> *kriminell oder staatlich gewollte Ausnahmefälle oder be-*
> *stimmte Krisenkartelle.«*

Wikipedia

In diesem Buch geht es viel um Wirtschaftskartelle. Ich erwähne sie, als wäre ihre Existenz etwas ganz Selbstverständliches, an das man sich halt gewöhnen muss. Dabei ist das Gegenteil der Fall. In einem Kartell verschwören sich Unternehmen, die eigentlich in Konkurrenz zueinander stehen. Sie schließen sich zusammen und versuchen über die Monopolbildung die Herrschaft über die Märkte an sich zu reißen. Wer es in dieser Disziplin versteht, sich die Politik unter den Nagel zu reißen, ist auf der sicheren Seite. Nicht selten agieren Politiker und Kartellkriminelle in Personalunion. Meist dann, zum Beispiel, wenn gewählte Volksvertreter in den Aufsichtsräten der Konzerne tätig werden. Das Versagen der Aufsichtsbehörden konnte ich am eigenen Leib erfahren, als vor einigen Jahren mehrere Brauereikonzerne der illegalen Preisabsprache überführt wurden. Sie wurden zu einer Millionenstrafe »verknackt«. Das Erhellende an der Geschichte: Vor dem Urteil kostete mich ein Kasten Bier der einschlägigen Marken in unserem Getränkehandel unterschiedslos immer zehn Euro. Seit dem Urteil kostet er mich elf!

Der Verband der Deutschen Automobilindustrie (VDA), in dem über 600 Unternehmen (Hauptsächlich Hersteller und Zulieferer) vertreten sind, ist der Rechtsform nach ein eingetragener Verein, der per Definition ein nicht wirtschaftlicher Verein ist. Pressekollegen titulieren das, bereits auf das Jahr 1901 zurückgehende, Gebilde, vornehm mit Lobbyverein. Wer hier ein Paradox sieht, der beginnt allmählich zu begreifen, wie schamlos die Autobranche ihre Kartellbildung betreibt. Letztes Beispiel ihrer kriminellen Gesinnung lieferten sie im Dieselskandal. Da hat betrügerische Software dafür gesorgt, dass ein Fahrzeug auf dem Prüfstand bei Abgasmessungen die Rechtsnormen erfüllte, während es beim Straßenbetrieb die Atemluft von Mensch und Tier verpestete wie eh und je. Die Autos fahren halt nach wie vor nicht mit Wasserstoff, sondern mit Kohlenwasserstoff, das aus Erdöl hergestellt wird. Sonst würden die Saudis ja pleitegehen. Das wiederum hieße, dass sie keine 530-PS-Boliden mehr kauften. Gerade die aber lieben die ebenso selbstgefälligen wie narzisstischen Autobosse.

In den Iden des März 2019 verkündete VW-Chef Herbert Diess, aus dem VDA austreten zu wollen. Man durfte diese Ankündigung jedoch in keiner Weise als eine Umkehr zum Besseren, eine Abkehr von der Kriminalität, gar als Läuterung verstehen. Vielmehr wollte Diess sie als Drohung verstanden wissen. Die drohte er wahrzumachen, wenn die Konkurrenz BMW und Mercedes weiterhin an ihren Brennstoffzellen bastelten und nicht der Hochvolt-Batterie – die kein in der Realität verhafteter Verbraucher ernsthaft haben will – beim Aufbau der Elektromobilität, genau wie VW, absolute Exklusivität einräumten. Gleichzeitig gab der Mann bekannt, dass man plane, für die Produktion der Akku-Autos massive staatliche Fördermittel in Anspruch zu nehmen.

Harald Krüger von BMW und der schnauzbärtige Daimler-Chef Dieter Zetsche geben halbherzige Widerworte. Dann gibt es eine 40 Minuten lange Telefonkonferenz der drei Autobosse. Die Nation soll aufatmen, als berichtet wird, dass sie sich geeinigt haben. Es soll nun nicht bloß das Akku-Auto, sondern auch der Hybrid (Akku plus Benzin oder Diesel) bevorzugt in Angriff genommen werden. Die Brennstoffzelle hingegen werde für zehn weitere Jahre »nicht marktfähig« sein. Deshalb werde die Förderung des Baus von Wasserstofftankstellen parallel zur Errichtung einer Elektrotankstelleninfrastruktur eingestellt. VW startet eine Offensive gegen die »Parole der Technologieoffenheit«, die sich explizit gegen die Brennstoffzelle richtet. So also stellen Dieselkriminelle sich die Erdenrettung vor.

Man darf bei dieser Geschichte einen Punkt nicht aus den Augen verlieren: Das Land Niedersachsen hält eine 20-prozentige Beteiligung an VW. Der Staat hat also seine Finger sehr direkt im Spiel. Dies trifft allerdings auch für ein anderes Projekt zu, dessen Beginn im Februar 2019, also ziemlich exakt einen Monat vor dem Vorpreschen des VW-Bosses, bekannt gegeben wurde. Es geht um eine Forschungsfabrik, Hyfab genannt, die das Steckenpferd der grün-schwarz geführten Landesregierung von Baden-Württemberg ist. Hier im Daimler-Land wird an automatisierten Fertigungs- und Qualitätssicherungsverfahren für *Fuel Cell Stacks* geforscht werden. Erklärtes Ziel ist die Industrialisierung der Brennstoffzellenfertigung. Die veranschlagten Kosten liegen bei 74 Millionen Euro. Die Landeswirtschaftsministerin Nicole Hoffmeister Kraut (CDU) und Umweltminister Untersteller (Grüne) wollen aus Landesmitteln im Rahmen des Strategiedialogs Automobilwirtschaft Baden-Württemberg 18 Millionen Euro beisteuern. Das Land erhofft sich Hilfe vom Bund.

Die Laufzeit von Hyfab ist auf zehn Jahre ausgelegt. Zehn Jahre? Genau der Zeitraum also, den die Autobosse anpeilen, bis die Brennstoffzelle es zur »Marktreife« gebracht hat.

Man kann also annehmen, dass zehn Jahre der Zeitraum ist, den das Kartell haben will um bei der Herstellung von umwelt- und klimaschädlichen, unpraktischen Akku-Autos so richtig auf ihre Kosten zu kommen. Die Kinderarbeiter im Kongo und die Kleinbauern in Chile mitsamt ihren Atacama-Flamingos müssen sehen, wie sie diesen Zeitraum überstehen. Doch vielleicht kommt alles ja auch gar nicht so schlimm – ausgerechnet Bram Schot, Chef der VW-Tochter Audi, gab am 7. März 2019 in einem Interview der *Stuttgarter Zeitung* zu Protokoll: »Die Brennstoffzelle kommt, und wir wollen dabei sein, wenn dieser Markt anzieht.« Wohlgemerkt sprach er diesen Satz eine Woche vor der Mob-Attacke der Kollegen Diess, Zetsche und Krüger. Jenem kaum verhohlenen Frontalangriff eines kriminellen Industriekartells, mit dem man Deutschlands Steuerzahler, ob sie nun Akku-Autos fahren möchten oder nicht, in die Zange nehmen will.

Hambi und die Hybris

> *»Das Wasser ist die Kohle der Zukunft. Die Energie von morgen ist Wasser, das durch elektrischen Strom zerlegt worden ist. Die so zerlegten Elemente des Wassers, Wasserstoff und Sauerstoff, werden auf unabsehbare Zeit hinaus die Energieversorgung der Erde sichern.«*
>
> Jules Verne: Die geheimnisvolle Insel (1874)

Mich ergreift eine gewisse Fassungslosigkeit, wenn ich auf der einen Seite all diese gewaltigen technischen und wirtschaftlichen Fortschritte betrachte und mir auf der anderen Seite die aktuelle Nachrichtenlage rund um die Themen Klimakatastrophe und Energiewende ansehe. Während die ausgebrannte Noch-Kanzlerin Angela Merkel – ihrer herzlosen Politik zum Trotz, von vielen bloß »Mutti« genannt – einer betrügerischen Dieselindustrie den Rücken deckt, hetzt ein ihr in devoter Fußfälligkeit zugetaner NRW-Landesvater Armin Laschet die Bluthunde der Polizei mit gezückten Knüppeln auf die Kohlegegner im Hambacher Forst. Der Deutsche Wasserstoff- und Brennstoffzellen-Verband e.V. (DWF) ist genau bei diesem Thema bereits einen Schritt weiter. Verbandsvorsitzender Werner Diwald hat errechnet, dass die rund 70 000 Arbeitsplätze rund um das Thema Kohle durch eben diese Zahl ersetzt werden würde, sobald sich Deutschland endlich zielstrebig an den großflächigen Bau von Brennstoffzellen und einer dementsprechenden Gewinnung von Grünem Wasserstoff mache. In dem Schreiben fordert er, diese Industrien gezielt in den vormaligen Kohlerevieren anzusiedeln. Bei aller Hysterie rund um die Kohlekommission berichtet lediglich die Fachpresse über diesen spannenden Vorschlag. So funktioniert Totschweigen.

Stattdessen lassen Beamte und Politiker die Presse irgendwelche Fantasien wie die sprichwörtliche Sau »durch das Dorf jagen«, in denen Bundesbehörden in die entsprechenden Gebiete umgesiedelt werden sollen, um die Joblücken nach dem Kohleausstieg zu füllen. Ganz so, als würden die Heerscharen der arbeitslosen Kumpels über Nacht zu Bundesbeamten mutieren. Es dauert nicht lange, ehe dieser Komplettunsinn ersatzlos von den Tagesordnungen verschwindet. Rund um den DFW bleibt es still und der Weckruf verhallt fast ungehört. Die Umschulung von Industriearbeitern weg von der Kohle hin zum Wasserstoff ist zwar selbstverständlich auch von Problemen behaftet, aber sicherlich wesentlich realistischer als der Quatsch mit den Bundesbehörden. Kurz nach den Ereignissen um »Hambi« verkündet Merkel, die dabei genau wie Laschet eine sehr unglückliche Figur macht, ihren Rückzug von der Spitze der CDU. Bei den knapp aufeinanderfolgenden Landtagswahlen in Bayern und Hessen hatten CDU und CSU Verluste von über zehn Prozentpunkten zu beklagen, während die Grünen ihre bombastischen Stimmenzuwächse unter anderem auf das Wetter schoben. Neben dem Insektensterben war die Dürre des Sommers einer der Hauptaufreger des Jahres 2018. Beides übrigens Dinge, für die Flüchtlinge und Migranten zwar als Sündenböcke nicht taugen, wohl aber von so manchen Politikern als eine willkommene Ablenkung vom Wesentlichen missbraucht wurden.

Nun ist es beschlossene Sache, dass der Kohleausstieg – nicht nur in Deutschland – kommen soll. Die große Frage lautet: Wann? Während Irland per Gesetz alle Investitionen des Staatsfonds *Irish Strategic Investment Fund* in Öl, Kohle und Gas untersagt, soll in Deutschland bis 2038 weiter auf diesen klimaschädlichsten aller Energieträger gesetzt werden. Es sind unsere Kinder, die dagegen aufbegehren. Während sich meine Frau angesichts der Dürre über das super Wetter freut, riskiert meine Tochter an der Abbruchkante des Tagebaus Hambach ihr Leben, um einen Stopp der gigantischen Kohlefeuer zu erreichen. Es ist eine Binsenweisheit, dass die Lebensspannen der politischen Entscheidungsträger sich in breiter Masse dem Ende zuneigen. Den Verantwortungslosen unter ihnen kann der Klimawandel herzlich egal sein, weil sie darauf setzen, bereits tot zu sein, bevor seine volle Wucht spürbar wird. Unsere Kinder und Kindeskinder sollen die Umweltverbrechen der Altvorderen ausbaden. Besonders unrühmlich in diesem Zusammenhang ist seit Jahrzehnten die Rolle der SPD, für die das Beharren auf Kohle seit eh und je zur Parteiräson gehört. Der anhaltende Abstieg von Deutschlands ältester Partei in die Bedeutungslosigkeit ist sicher auch auf die Machenschaften der Kohlelobbyisten in ihren Reihen zurückzuführen. Seit ihrer viel beachteten Rede auf dem Weltwirtschaftsgipfel in Davos, ist die schwedische Teenagerin Greta Thunberg das Gesicht der Klimaschutzbewegung. Es fällt auf, dass es gerade die alten Männer aus dem »konservativen« Lager sind, die mit schändlicher Hetze gegen die jungen Aktivisten vorgehen.

Umso nötiger ist die Aufklärung über den heutigen Stand der Wasserstofftechnologie und ihre Möglichkeiten, um uns und den kommenden Generationen den Weg in die emissionsfreie Zukunft zu weisen. Die Vision einer Wasserstoffgesellschaft soll uns helfen, die Kohlenstofffeuer einzudämmen und – falls es dazu noch nicht zu spät ist – die Erderwärmung zu stoppen. Sollte es doch zu spät sein, hätten wir es wenigstens versucht. Man wird sehen, ob der gesellschaftliche Wandel, der mit der Umstellung auf H_2 erfolgen wird, in Form einer Revolution oder einer Evolution vonstattengeht. Vorausgesetzt, er kommt überhaupt. Es gibt mächtige und reiche Zeitgenossen, denen das Schicksal der Erde im Allgemeinen und das Fortbestehen der menschlichen Gattung im Speziellen schnurzpiepegal sind, wenn es um das Geschäft mit Kohle, Öl, Gas oder Atom geht. Diese Menschen werden alles daran setzen, den Wandel in die in den Pariser Verträgen ausgehandelte emissionsfreie Zukunft entweder bis auf weiteres komplett zu verhindern oder aber wenigstens auszubremsen.

Wie lange wurden wir von Heerscharen von Politikern und selbsternannten Experten darüber belehrt, dass wir Kohlestrom bräuchten, um die »Grundlast« zu decken. Mit Grundlast ist die Garantie gemeint, auch bei der gefürchteten Dunkelflaute genug Strom im Netz zu haben. Leider seien Sonnen- und Windenergie ja so schlecht speicherbar. Kohlefeuer in Kraftwerken müssen, genau wie atomare Feuer, konstant brennen. Sie ausgehen zu lassen und nur bei Dunkelflaute wieder anzuzünden ist technisch gesehen kompletter Unsinn. Genauso konstant spülen sie das große Geld in die Taschen der Kohlelieferanten. Jeder, der nach der Lektüre dieser Seiten um die Möglichkeiten des H_2-Supermolküls weiß, kann ermessen, wie phänomenal groß die Lüge von der Grundlast ist. Unsere Kinder haben etwas Besseres verdient, als die Zukunft verbrannt zu bekommen und obendrein mit billigen Lügen abgefertigt zu werden.

Grüner Stahl

*»Als zum ersten Mal das Wort ›Friede‹ ausgesprochen
wurde, entstand auf der Börse eine Panik. Sie schrien auf
im Schmerz: Wir haben verdient! Lasst uns den Krieg!
Wir haben den Krieg verdient!«*

Karl Kraus

Im April 2015 begab es sich, dass ich in Berlin in den Genuss
kam, im Haus der Kulturen der Welt (HKW) teilzunehmen
am legendären »Was wirklich zählt. Der Gedöns-Kongress der
taz«. Auf diesem gab es nämlich eine Verköstigung von Craft-
Bier, an deren Ende die Teilnehmer per Urwahl zu entscheiden
hatten, welches der drei verschiedenen Biere zum Panterbräu
gekürt werden soll. Dieses Bier sollte im Anschluss als Eigen-
marke der *taz* in deren Kantine vermarktet werden. Mit von
der Partie war mein Freund Christoph »Pieps« Flessa, der in
seiner Mikrobrauerei im Berliner Bezirk Friedrichshain ein
hervorragendes Bier braut. Als Biertyp gefragt war ein »rotes
Lager«, mit anderen Worten ein Ale. Wer jemals in Irland ein
Lager bestellt hat, der weiß, dass damit die blonden Biere gemeint sind. Aber so genau nimmt man das bei der taz nicht.

Pieps verfolgte den Plan, dass meine hübsche Frau und ich
helfen sollten, die Masse der Bierverkoster dahingehend zu be-

einflussen, dass am Ende das Produkt der Flessa-Brauerei das Rennen macht. Wir parkten unsere Fahrräder vor dem futuristischen Bau aus den 1950er-Jahren und machten uns ans Werk. Sobald das Bier floss, probierte ich alle drei Sorten aus. Bei dem ersten schlug mir ein Geruch wie Pattex in die Nase. Es hatte eine Fehlnote. Dann gab es eines, das mir mit Abstand am besten schmeckte, und eins, das mir zu stark gehopft war. Da es eine Blindverkostung war, wusste ich nicht mit Sicherheit, bei welchem der drei es sich um das »Fless« handelte. Meine Zweifel währten nur kurz, da lief Pieps wie ein Hypnotiseur durch die Menge und skandierte ununterbrochen: »Nummer drei ist das beste Bier. Nummer drei ist das beste Bier.« Ich sah zu meiner Frau herüber. Sie wurde von einer Schar Herren umschwärmt, hielt ein Glas Nummer drei in der Hand, prostete durch die Runde und sorgte für gute Laune. Ab dem vierten Glas sank auch bei mir die Hemmschwelle, und ich wagte mich an ein paar psychologische Tricks, um die roten Vögel um mich herum zu manipulieren. Wahrscheinlich wären die gar nicht nötig gewesen, denn das Bier von Pieps schmeckte objektiv einfach besser als die beiden anderen. Wie auch immer, am Ende gewann es jedenfalls mit überwältigender Mehrheit.

Was aber hat Bier mit Wasserstoff zu tun, fragt sich hier der Leser, außer der Tatsache, dass es zu einem nicht zu vernachlässigenden Anteil aus H_2O besteht? Nun, beim Trinken kommt man sich näher. Während ich eifrig die Werbetrommel für die Nummer drei schlug, kam ich ins Gespräch mit einem Manager von der Salzgitter AG. Ich erlaubte mir die Frage, ob er denn als stahlkochender Kapitalist nicht auf dem falschen Kongress gelandet sei. Der Mann machte ein verletztes Gesicht und fragte seinerseits, wie ich das meine.

»Na. Ihr gießt den Stahl für die Kanonen und Panzer und versaut unser Klima mit der ganzen Kohle, die ihr in euren Hochöfen verheizt. Das finde ich nicht gerade links. – Wie schmeckt das Bier?«

»Bei Stahl kommt es darauf an, was man daraus macht. – Windkraftwerke zum Beispiel. Die sind ja dann wieder gut für das Klima. Außerdem gibt es bei uns Pläne, die Kohle schrittweise durch Wasserstoff zu ersetzen. – Ich habe die Nummer drei. Schmeckt ausgezeichnet.«

Ich spitze die Ohren. Laut Shell-Studie bestehen die Erneuerbaren Energien in Wahrheit nur zu rund zwei Dritteln wirklich aus der Kraft von Sonne und Wind. Ein ganzes Energiedrittel geht für die Fertigung, die Montage und am Ende für die Demontage der Windmühlen und Solarparks drauf, welches wiederum aus fossilen oder atomaren Brennstoffen gewonnen wird. Ich habe bereits an anderer Stelle erwähnt, dass ich den Zahlen von Shell nur bedingt traue. Immerhin ist es ein Richtwert und es stimmt gewiss, dass für Windräder eine Menge Stahl geschmolzen wird.

Eisenerz enthält Eisen in Form von Eisenoxid. Der Sauerstoff im Eisenoxid muss chemisch an ein anderes Element gebunden werden, damit man reines Eisen erhält. Bei der Stahlschmelze wird Kohlenstaub in das Glutbad des Hochofens gepumpt, der genau dies leistet. Aus dem Eisenoxid (FeO) wird per Reduktion (beziehungsweise Redoxreaktion) Eisen (Fe), und aus dem Kohlenstoff (C) und dem Sauerstoff (O) wird Kohlendioxid (CO_2).

$$2FeO + C \rightarrow 2FE + CO_2$$

Kohle wird in der Stahlindustrie also nicht nur gebraucht, um das Erz auf rund 2 100°C zu erhitzen, sondern spielt auch im Produktionsprozess selbst eine wichtige Rolle. Die Stahlproduktion ist für rund sieben Prozent des weltweiten Kohlendioxidausstoßes verantwortlich. Nochmal zum Vergleich: Beim Autoverkehr sind es laut *Statista* knapp 18 Prozent. Wahrscheinlich dämmert es an dieser Stelle bereits dem Chemie-affinen Teil der Leserschaft, dass man den Sauerstoff (O) des Eisenoxids (FeO) statt an Kohlenstoff (C) genauso gut an Wasserstoff (H) anlagern kann.

$$FeO + 2H \rightarrow Fe + H_2O$$

Statt Kohlendioxid bekommt man Wasser. Bei dieser Technik wird das Eisenerz mit heißem Wasserstoff durchströmt. Am Ende dieses Prozesses erhält man sogenannten Eisenschwamm, der dann in Lichtbogenöfen elektrisch geschmolzen wird. So wie es bereits heute mit Metall aus der Schrottverwertung standartmäßig geschieht. Direktreduktionsanlagen gibt es schon lange. Nur wurden sie bislang vor allem mit dem wasserstoffreichen Erdgas betrieben. Das bedeutet zwar weniger CO_2, ist aber längst nicht emissionsfrei.

Die Salzgitter AG gab Ende 2018 bekannt, 2025 den ersten ihrer drei Hochöfen mit der Wasserstofftechnologie ersetzen zu wollen. Bis 2045 sollen die anderen beiden folgen. Anvisiert ist eine CO_2-Reduzierung von 80 Prozent. In einem ersten Schritt werden sieben Windräder errichtet und ein leistungsstarker PEM-Elektrolyseur angeschafft. Denn natürlich macht die Prozessumstellung nur mit »grünem« Wasserstoff und Strom klimatechnisch Sinn. Man rechnet mit Investitionskosten von

50 Millionen Euro und hofft zuversichtlich auf eine Befreiung der EEG-Umlage und auf Fördermittel aus Steuertöpfen. Für eine Umrüstung der kompletten deutschen Stahlproduktion auf Wasserstoff werden jährlich 120 Terrawattstunden veranschlagt, zehnmal so viel wie die Stadt Hamburg benötigt.[13] Die Verteuerung der CO_2-Zertifikate sorgt also auch in diesem Bereich für erste Aktivitäten. Gut möglich, dass demnächst Brennstoffzellenpanzer aus »grünem« Stahl ins Gemetzel rollen. Die Stahlkocher träumen bereits von der kolossalen Anzahl neuer Windmühlen, die dafür nötig wären und einen riesigen Markt versprechen. Mir persönlich sind die Dinger wesentlich sympathischer, wenn sie aus Holz bestehen. Stahlkonstruktionen haben gewichtsbedingt eine Höhenlimitierung. Bei etwa 200 Metern ist Schluss. Da Holz weniger wiegt als Stahl, können Holztürme wesentlich höher – und damit effizienter – gebaut werden. Anders als bei Stahlkonstruktionen würde CO_2 nicht nur vermieden, sondern sogar auf lange Sicht gebunden.

»Ja. Aber was ist dann mit den Arbeitsplätzen?«, will der Stahlmanager wissen.

»Die werden doch nur hergenommen, um jede erdenkliche Sauerei zu rechtfertigen, und bedenkenlos geopfert, sobald es um Gewinnmaximierung geht.«

Mein Gegenüber trinkt sein Bierglas leer und gibt mir tatsächlich recht. Eine andere Variante der schönen neuen Stahlwelt ist allerdings auch denkbar. Die Gefahr besteht, dass es bei den Stahlkochern in Salzgitter mit ihren putzigen sieben Windmühlen beim »greenwashing« bleibt. Schon jetzt lässt der Konzern verlauten, dass in der Anfangsphase vornehmlich Methan, also Erdgas, in der Direktreduktionsanlage zum Einsatz kommen wird. Wenn mit Nord Stream 2 massenhaft billiges russisches Gas den deutschen Markt überschwemmt, dürfte die Versuchung groß sein, die erforderlichen Investitionen in die Wasserstoffwirtschaft zu verpennen. Die Autoindustrie lässt grüßen.

Elektrolyseure.
Stacks statt Kalilauge

»Zu wissen, es ist Platin.«
Werbeslogan der Platin Gilde von 1981

Jedes Kind weiß, dass es bei einem Gewitter dem Schwimmbecken fernbleiben muss, weil Wasser den Strom leitet und ein Blitz verheerende Folgen haben kann, auch wenn er nicht direkt in den Körper des Schwimmers einschlägt. Aus demselben Grund sollte man auch tunlichst keinen Fön ins Badewasser schmeißen und nicht in eine Steckdose urinieren. Wer sich ein wenig für Chemie interessiert, der weiß indes auch, dass reines H_2O den Strom eben nicht leitet. Erst die Ionen von in Wasser gelösten Salzen stellen die Leitfähigkeit her. So ist es also nicht verwunderlich, dass ein Elektrolyseur, dessen Aufgabe es ist, das Wassermolekül aufzuspalten, auf Salze im Wasser angewiesen ist, da es ohne sie nicht zu einem Stromfluss zwischen Anode und Kathode kommen könnte. Bei herkömmlichen Geräten im industriellen Einsatz nimmt man Kali, um die Leitfähigkeit herzustellen. In Wasser gelöst entsteht Kalilauge, eine stark alkalische, ätzende Substanz.

In den 1970er-Jahren, als das OPEC-Kartell seine Muskeln spielen ließ, wurde unter dem Eindruck der Ölkrise bereits schon einmal über H_2 als Alternative nachgedacht.

»Die Energiekrise hat verstärkt zu Überlegungen geführt, ob eine Wasserstoff-Technologie umweltfreundliche Lösungen von Energiespeicher-, Heiz- und Treibstoff-Problemen ermöglicht. Voraussetzung hierfür ist die Weiterentwicklung des gegenwärtigen Standes der Wasserelektrolyse-Technik ...«[14]

Bereits damals vor annähernd 45 Jahren, wollte man die Kalilauge in den Elektrolyseuren durch eine Polymermembran ersetzen. Das Hantieren mit der Lauge ist technisch gesehen nicht unproblematisch. Kalibergbau sorgt außerdem vielerorts für massive Umweltprobleme. Reststoffe werden in Flüsse abgeleitet und führen dort zu Versalzungen. Um also bei der Energiewende nicht den Teufel mit dem Belzebub auszutreiben, setzen Firmen, wie die bereits im Zusammenhang mit Greenpeace Energy erwähnte *H-Tec Systems* aus Lübeck, auf PEM-Elektrolyseure. Die verhalten sich im Vergleich zur PEM-Brennstoffzelle ungefähr so, wie ein Dynamo zu einem Elektromotor – nämlich vom Prinzip her gleich, nur andersherum. Auch der PEM-Elektrolyseur braucht Platin für seine Membranen, die genau wie eine Brennstoffzelle zu Stacks geschichtet werden. Die kann man dann beliebig miteinander kombinieren. Mittlerweile wird die erste Anlage im Megawattbereich angeboten. Ein PEM-Hydrolyseur, den sich der Häuslebauer in den Heizungskeller stellen kann – womit er sich zum Herrn über seinen Solarstrom macht –, wird diesen Sommer auf den Markt kommen. Noch wird dieser »handgeschmiedet« und damit sehr teuer sein und sich nur für die Wenigsten rechnen. Doch er bringt uns der Vision einer Gesellschaft ein Stück näher, wo man seinen selbst produzierten Strom in Form von Wasserstoff zu Hause speichert. Man kann damit dann sein Haus heizen, ihn bei Bedarf rückver-stromen und sein Auto damit tanken. Nach einmaliger Investition hat man nicht nur sozusagen keine Energieausgaben mehr zu tätigen, sondern würde auch das Klima retten. Win-win für Planeten und Menschheit, Lose-lose für die Kartelle.

Wassol

>*»D'r Zoch kütt.«* (Der Zug kommt)
>
>Rheinischer Ausruf zum Karneval

W er bis hierhin gelesen hat, der wird sich denken: Gut und schön, es gibt gewaltige Fortschritte in Sachen Wasserstofftechnik. Vielleicht kommt die H_2-Revolution, vielleicht kommt sie nicht. Das Ölkartell versucht, so lange wie möglich den Deckel drauf zu halten, und bis die Wasserstoffgesellschaft einmal globale Wirklichkeit geworden ist, wird noch viel Wasser den Vater Rhein herunterfließen. – Oder auch nicht, denn der Schicksalsstrom der Deutschen könnte bis dahin, als Folge der Klimakatastrophe, längst versiegt sein. Wer wie ich an diesem Fluss lebt und die extrem niedrigen Pegelstände des Sommers 2018 gesehen hat, dem dämmert, dass dieses Szenario – wenigstens zeitweise – schon in naher Zukunft alles andere als unrealistisch ist. Die Technik, mit der Wasserstoff tiefgefroren oder auf 700 bar verdichtet wird, ist eben aufwendig, äußerst anspruchsvoll und nicht nur sehr teuer, sondern auch noch extrem energieintensiv. Das bedeutet, dass ein großer Anteil des aufgewendeten Wind- oder Sonnenstroms statt in die Elektrolyse in das

Tieffrieren, beziehungsweise die Verdichtung gesteckt werden muss.

Diese Nachteile ziehen einen Rattenschwanz von Problemen hinter sich her. Der fängt bei der mangelnden Konkurrenzfähigkeit an, die nur künstlich durch den Zertifikatehandel gewährleistet werden kann. Er führt weiter über die Kontrolle, welche die Großkonzerne weiterhin über die Entwicklung ausüben können, weil sie als Einzige über das nötige Kapital für den Aufbau der Infrastruktur verfügen. Dies wird höchstens in den reichen Industrienationen stattfinden. Hier hat sich in Form des 2017 gegründeten global agierenden, aus 39 Firmen bestehenden *Hydrogen Council*s auch schon der erste Ansatz zu einem Industriekartell gebildet. In den armen Ländern wird noch sehr lange auf fossile Energie gesetzt werden, weil niemand sich die neue Technik wird leisten können. Ein Beispiel für die Richtigkeit dieser These ist der aktuelle Kohleboom im nicht einmal mehr ganz so armen Polen. Kaum vorstellbar, dass in absehbarer Zukunft Länder wie Ghana, Kambodscha oder Bangladesch ein Netz von Tankstellen errichten werden, mit Zapfsäulen, von denen jede einzelne über eine Million Euro kostet, die auch noch aufwendig gewartet und beliefert werden müssen. Bislang teilen sich global agierende Gasgiganten wie Linde oder Air Liquid das Geschäft mit dem beginnenden Boom.

Wie schön wäre es, wenn das »neue Gold« ganz einfach mit herkömmlichen Öltankern durch die Gegend geschippert werden könnte, mit einem ganz normalen Tanklaster zu den Tankstellen gebracht würde, um dann im Auto wie Benzin oder Diesel in einem, dem Autoinneren angepassten, dünnwandigen Plastiktank auf den Einsatz in der Brennstoffzelle zu warten. Denn ganz abgesehen davon, dass die Karbon-Hochdruck-Tanks teuer sind, nehmen sie im Auto, genau wie eine Hochvoltbatterie, viel zu viel wertvollen Platz weg. Wer jemals wie ich das Kribbeln der Panikattacke in sich hat aufsteigen spüren, weil er mit seinem Hintern über einem 700-bar-Drucktank voll Wasserstoff sitzt, der weiß, wovon ich rede.

Die gute Nachricht ist, dass es sehr wohl eine Möglichkeit gibt, Wasserstoff viel einfacher in die bereits bestehende Infrastruktur einzubinden. Genaugenommen ist es ja ziemlich irre, ihn transport- und lagerfähig zu machen, indem man ihn bis knapp an das absolute Temperaturminimum herunterbringt oder auf fast noch verrücktere 700 bar zusammenpresst. Es gibt einen komplett anderen Ansatz, der in der Fachwelt den sperrigen Namen *Liquid Organic Hydrogen Carrier* (LOHC) trägt. Das bedeutet auf Deutsch etwa: Flüssiger organischer Wasserstoffträger. Der Gedanke dahinter ist ganz einfach. Wenn man problemlos Wasserstoff in Sonnenblumenöl hinein hydrieren kann, um Margarine zu erhalten, so funktioniert das natürlich auch mit anderen ölartigen Substanzen. Nun braucht man diese am Ende nur wieder zu dehydrieren und bekommt seinen Wasserstoff zurück. Man nimmt, mit anderen Worten, einen schwach angereicherten Kohlenwasserstoff, macht daraus einen stark angereicherten und kehrt diesen Prozess bei Bedarf einfach wieder um. Inwieweit das mit Margarine klappt, entzieht sich meiner Kenntnis. Im Prinzip kommen hunderte, vielleicht sogar tausende Stoffverbindungen als LOHC in Frage.

An der Uni Erlangen beschäftigen sich zwei Wissenschaftler seit 2009 mit dieser Thematik und der mit ihr verbundenen Chance, die Energieversorgung der Menschheit zu revolutionieren: Professor Dr. Peter Wasserscheid (Nomen est omen!) und Professor Dr. Wolfgang Arlt.

Der Witz am LOHC-Verfahren der beiden Erfinder ist, dass sich die Trägerflüssigkeit bis zu tausend Mal mit H_2 wiederbefüllen lässt. Man kann das LOHC also wie eine flüssige, chemische »Pfandflasche« für Wasserstoff benutzen. Damit nicht genug, die Wissenschaftler verwandten große Sorgfalt auf die Suche nach dem geeigneten Trägerstoff. Nach langer Abwägung fiel ihre Entscheidung auf eine Substanz mit Namen Dibenzyltoluol. Diesen Zungenbrecher will jeder vernünftige Mensch auf der Stelle wieder vergessen. Wer ihn in den Mund nimmt, macht sich sofort der Klugscheißerei verdächtig. Dennoch lohnt es sich, Dibenzyltuluol in Erinnerung zu halten. Es erfüllt als LOHC alle Erfordernisse, die die Erlanger Erfinder auf ihrer Suche für unabdingbar hielten.

1. Es ist in großer Menge verfügbar. Die heutige Jahresproduktion liegt bei rund 50 000 Tonnen, man könnte aber auch viele Millionen Tonnen davon pro Jahr herstellen.
2. Es ist ungiftig.
3. Es ist schwer entzündlich, selbst wenn es mit Wasserstoff beladen ist.
4. Der ursprünglich als Wärmeträgeröl entwickelte Stoff behält von -34°C bis 360°C seine flüssige Konsistenz.
5. Die Substanz wurde technisch dafür entwickelt, auch bei hohen Temperaturen noch sicher zu sein.
6. Die Menschheit verfügt über eine langjährige Erfahrung mit Dibenzyltuluol. Er ist also sehr gut erforscht.

Um dafür zu sorgen, dass ihr neues Konzept zur gefahrlosen Wasserstoffspeicherung möglichst schnell auch technisch genutzt wird, entschlossen sich Wasserscheid und Arlt die industrielle Verwirklichung selber in die Hand zu nehmen. Gemeinsam mit ihrem ehemaligen Doktoranden Daniel Teichmann gründeten sie die Firma *Hydrogenious Technologies GmbH*, mit dem Ziel, die Früchte ihres Erfindungsreichtums in die Welt hinauszutragen. Der Betrieb beschäftigt im Winter 2018 65 Mitarbeiter und hat seinen Sitz im heimischen Erlangen.

Folgendermaßen funktioniert die Maschinerie, die sich die beiden Wissenschaftler ausgedacht haben: Ein Elektrolyseur wandelt Ökostrom in 30 bar Druckwasserstoff um. Dieser wird in einen Belader beziehungsweise Hydrierer geleitet. Dort spaltet ein fester Katalysator das H_2-Molekül auf und bindet es an das Dibenzyltuluolmolekül. Aus Dibenzyltuluol (H 0–LOHC) wird Perhydro-Dibenzyltuluol (H 18-LOHC). Dabei handelt es sich um eine exotherme Reaktion, bei der also Wärme abgegeben wird. Sie ist abgeschlossen, wenn alle Doppelbindungen mit Wasserstoff reagiert haben. Die 300°C Wärme, die dabei entstehen, kann in den Visionen von Wasserscheid und Arlt als Fernwärme dienen, oder – noch besser – in den für die Sonnenernte besonders interessanten Wüstengebieten Afrikas zur Entsalzung von Meerwasser genutzt werden, mit dem wiederum die Elektrolyseure gefüttert würden. In Form von H18-DBT kann Wasserstoff bei Umgebungstemperatur ohne Verluste unbegrenzt gelagert werden und wie ein heutiger Kraftstoff transportiert werden.

Will man den gebundenen Wasserstoff wieder nutzen, braucht man einen Freisetzer oder Dehydrierer, in dem ebenfalls per Katalyse, die Umkehrrektion stattfindet. Bei beiden Katalyseschritten spielt Platin eine wichtige Rolle. Die Freisetzung ist eine endotherme Reaktion. Die 300°C Wärme, die vorher abgegeben wurden, müssen nun also wieder hineingegeben werden. Was eigentlich ein Nullsummenspiel ist, wird für den Empfänger des LOHCs allerdings schnell zu einem gewissen Nachteil. Doch dieser Nachteil lässt sich dann verschmerzen, wenn die Nutzung des freigesetzten Wasserstoffs Abwärme erzeugt, die zur Dehydrierung genutzt werden kann, beispielsweise in einer Hochtemperaturbrennstoffzelle oder in einem Wasserstoffmotor. Entwickelt wurden die Anlagen in verschiedenen Größenordnungen. *Storage PLANT 5000* etwa ist in der Lage, täglich gewaltige 10 000 Kilogramm H_2 – also ungefähr die Monatsproduktion eines mittleren Windrades –, chemisch einzulagern. Die *Release BOX* andererseits hat aufgrund der angestrebten dezentralen Verwendung, zum Beispiel an Wasserstofftankstellen oder bei industriellen Verbrauchern, eine geringere Kapazität. Das derzeit größte Modell schafft täglich 20–500 Kilogramm pro Tag.

Bei den Zahlen, die Wasserscheid mir nennt stutze ich. Sie decken sich an einem Punkt nicht mit denen des Jürgen Fuhrländers. Der hatte mir als Hausnummer für die Jahresproduktion eines mittleren Windrades 18 Tonnen Wasserstoff zu Protokoll gegeben. Laut Wasserscheid ist die Jahresproduktion mehr als sechsmal so hoch. Den Berechnungen des Professors traue ich. Habe ich mich bei Fuhrländer also verhört? Oder haben wir es bei dem Unternehmer mit einer westerwälder Schlitzohrigkeit zu tun, deren Sinnhaftigkeit sich mir nicht erschließen will?

Der echte Clou, wenn es um die Rückgewinnung von Energie geht, ist sowieso, den Wasserstoff gar nicht erst wieder in die Reinform zu bringen, sondern den beladenen LOHC-Träger direkt in eine Brennstoffzelle zu füttern. Die Direkt-LOHC-Brennstoffzelle arbeitet bei niedrigeren Temperaturen, typischerweise 80–200 °C. Dies ist möglich, weil kein Wasserstoff freigesetzt wird, sondern direkt aus dem LOHC am Anodenkatalysator Protonen gebildet werden. In dem Kapitel über diese Technologien habe ich ja angeschnitten, dass es verschiedenste Formen der *Fuel Cell* gibt, die mitnichten alle mit reinem H2 operieren. Die Direkt-LOHC-Brennstoffzelle besitzt eine Effizienz von rund 50 Prozent. Sie funktioniert mit einem Zwei-Kammer-Tanksystem – eine Kammer für den mit H_2 befüllten und die andere für den vom H_2 befreiten LOHC. Beim Tanken wird gleichzeitig zugeführt und abgesaugt. Der Tankvorgang dauert etwa drei Minuten.

An dieser Stelle kommt das Gewicht ins Spiel. Ein Kilo »H 18-LOHC« besitzt eine Speicherkapazität von 2,05 Kilowattstunden. Wissenschaftler drücken es so aus: Es besitzt eine hohe volumetrische Speicherfähigkeit. In tausend Liter »H 18-LOHC« passen 57 Kilogramm Wasserstoff. Dieselbe Menge würde, zusammengepresst auf 300 bar, 57 stählerne Gasflaschen benötigen, von denen jede einzelne 85 Kilogramm wiegt! Ziehen wir zum Vergleich den Lithium-Ion Hochvoltspeicher eines heutigen Elektroautos heran, so haben 40 Kilogramm »H 18-LOHC« dieselbe Speicherkapazität einer 300 Kilogramm schweren Batterie. Wir müssen in diesem Zusammenhang immer Volumen und Gewicht im Auge behalten. Während ein Liter atmosphärischer, also nicht komprimierter Wasserstoff nur ein Dreitausendstel der Energie von einem Liter Diesel besitzt, enthält ein Kilogramm Wasserstoff dreimal so viel Energie wie ein Kilogramm Diesel.

2018 wurde das Projekt der Erlanger Forscher für den Deutschen Zukunftspreis nominiert, dem »Preis des Bundespräsidenten für Technik und Innovation«. Der mit 250 000 Euro dotierte Preis setzt voraus, dass die Innovationen sich bereits im wirtschaftlichen Einsatz bewähren. Hydrogenious hat zwar Ende 2018 gerade mal neun Anlagen an den Mann bringen können, aber immerhin. Der Großteil der Verkäufe ging übrigens an die chemische Industrie, die damit sogenannten »Abfallwasserstoff« speichert. Mit »H 18-LOHC« wird es nämlich auf einmal wirtschaftlich, den Wasserstoff, der bei einer ganzen Reihe chemischer Abläufe, wie etwa der Chlor-Alkali-Elektrolyse, als Nebenprodukt auftritt und bisher einfach in die Atmosphäre geblasen oder verbrannt wird, zu sammeln und zu vermarkten.

Bei der Präsentation von »Flüssige Wasserstoffspeicher – Wegbereiter einer zukünftigen Wasserstoffgesellschaft« übernimmt Peter Wasserscheid vor laufender Kamera die Rolle des Wortführers. Der Mann mit der Professor-Bienlein-Frisur spricht vor den geladenen Gästen in Vorlesungsmanier. Das kann er. Das hat er lange genug geübt. Dafür sitzt der silbrig glänzende Anzug schlecht und der Schlips schief. Hier verkörpert jemand den aufrechten Wissenschaftler und nicht den aalglatten Geschäftsmann. Dazu passt, dass er und seine Mitstreiter für »H 18-LOHC« noch nicht mal einen Markennamen gefunden haben. Vollkommen unbescheiden verkündet er, nicht nur das Energieproblem der Menschheit gelöst zu haben, sondern gleichzeitig das Klimaproblem und das Schadstoffproblem.

Das Problem sind die politischen Rahmenbedingungen: »Wer Geld dafür bekommt, sein Windrad aus dem Wind zu drehen, für den ist der Anreiz gering, seinen Strom in Form von Wasserstoff zu speichern.« Damit meint Wasserscheid die EEG-Umlage. Das Thema Politik beschäftigt auch seinen

Kollegen Arlt. In älteren Interviews buhlte er bereits um die Gunst der Mächtigen, indem er anregte, mit LOHC und Wasserstoffverbrennungsmotoren die deutsche Motorenindustrie zu retten. Denkbar wäre in diesem Fall eine Miniatur-Release-Box im Motorraum. Während der Präsentation ergreift er das Wort und stellt eine brisante Berechnung vor. Die Stromtrassen, die eines Tages den Windstrom von der Küste nach Süddeutschland bringen sollen und auf breiten Widerstand in der Bevölkerung treffen, könnten problemlos ersetzt werden durch LOHC-Pipelines. Statt einer hundert Meter hohen Hochspannungs-Gleichstrom-Übertragungsleitung (HGÜ) würde eine Röhre von 30 Zentimetern Durchmesser in die Erde verlegt werden. Die Akzeptanz wäre mit Sicherheit eine ganz andere.

Wasserscheid präsentiert eine Tankstelle für Elektroautos in Stuttgart, die mit LOHC beliefert wird. Der Wasserstoff hierfür speichert die überschüssige Sonnenenergie aus Solarzellen, die auf dem Dach der firmeneigenen Halle montiert sind. Nachts, wenn der Rest der elektromobilen Republik dreckigen Braunkohlestrom tankt und sich einredet, damit etwas für die Umwelt zu tun, kann man an dieser Tankstelle Sonnenstrom aus Erlangen in sein Batterieauto füllen. Er deutet an, dass es hier ganz klar nicht um Wirtschaftlichkeit geht, sondern darum, ein Zeichen zu setzen.

Es gibt noch eine andere Baustelle, an der die Start-ups von *Hydrogenious* arbeiten: ein Regionalzug, der mit einer Direkt-LOHC-Brennstoffzelle betrieben wird und pro Tankfüllung eine Reichweite von 600 Kilometern bekommen soll. In Zusammenarbeit mit dem Helmholtz-Institut und dem Forschungszentrum Jülich wird also auch hier am Ersatz der Diesellok gearbeitet. Der Freistaat Bayern fördert die Entwicklung des Zugs mit 28 Millionen Euro. Bis 2024 soll er fertiggestellt sein. Es wird sich zeigen, ob dieser *Hydrail* (wie Schienenfahrzeuge auf Wasserstoffbasis generell genannt werden) die Hoffnungen, die auf ihn gesetzt werden, erfüllen kann. Er wird, technisch gesehen, in direkter Konkurrenz zum niedersächsischen *Hydrail* stehen.

Wer nun glaubt, Frank Walter Steinmeier (SPD), Präsident der Deutschen und Ex-Lakai des (wie erwähnt) tief in das Fossilkartell verstrickten, ehemaligen Bundeskanzlers und heutigen Gasprom-Mannes Gerhard Schröder, hätte den drei Pfiffikussen aus Süddeutschland den Zukunftspreis zuerteilt, der irrt natürlich. Gewonnen hat ihn am 28. November, pünktlich zum Beginn der UN-Klimakonferenz in der Kohlestadt Kattowitz, ein Virusmedikament, das nach Organtransplantationen zum Einsatz kommt. Keine zwei Wochen nach diesem Entscheidungs-GAU verkündet Wirtschaftsminister Peter Altmeier (CDU), im Andenstaat Bolivien für die nächsten 70 Jahre die Schürfrechte für Lithium erworben zu haben. Anstatt auf Wasserstoff zu setzen, plant man in der schwarz/roten Regierung also lieber, halb Bolivien abzubaggern. Keine drei Monate nach der unheilverkündenden Preisverleihung, am 15. Februar 2019, wandelt Steinmeier, nach einem CO_2-intensiven Langstreckenflug in der Regierungsmaschine, zwischen Blaufußtölpeln und Meerechsen auf den Galapagos Inseln und warnt vor den Folgen des Klimawandels. Bei selbiger Gelegenheit stellt er sich in einer quietschblauen Plastikjacke vor die Kameras und erzählt der Menschheit, sie solle nicht so viel Plastik verbrauchen. An der Ernsthaftigkeit und an der Zuverlässigkeit dieses Menschen, der da oberster Repräsentant unseres Landes sein will, darf also gezweifelt werden. Auf der anderen Seite kann mit Sicherheit gesagt werden, dass er in Sachen Klimaschutz zwar durchaus unfähig ist, dies nach Wasserscheids Präsentation jedoch auf keinen Fall mit Unwissenheit rechtfertigen kann.

Die Angelegenheit lässt mir keine Ruhe. Ich ermanne mich, setze mich einmal mehr in meinen persönlichen kleinen Klimakiller und fahre die lange Strecke nach Erlangen, um Peter Wasserscheid kennenzulernen. Um mir dabei die Zeit zu vertreiben, höre ich laute Salsa-Musik von Héctor Lavoe und übe am Steuer den Schulter-Shake. Es ist ein strahlend sonniger Wintertag, strahlend sonnig wie so viele Tage in diesem Jahr. Nicht nur mir wird die viele Sonne längst unheimlich. Auf dem Campus parke ich meinen stinkigen Diesel neben einem blauen Toyota Mirai, der mit einem, in blubbernde Gasbläschen getauchtes, Wasserstofflogo verziert ist. Der Leiter des Lehrstuhls für Chemische Reaktionstechnik, schlussfolgere ich, gehört zu demselben Kreis von Verschwörern wie der Westerwälder Pionier Jürgen Fuhrländer mit seinen beiden Hyundais. Das Gebäude, in dem sich der Lehrstuhl für Chemische Reaktionstechnik befindet, ist fast so monströs wie der Betonklotz in Bochum, in dem ich Matthias Rögner traf. Ich steige in den obersten Stock, wo mich die Sekretärin des Professors bittet, kurz im Flur Platz zu nehmen. Der Herr Professor komme gleich. Ich setze mich und stehe sofort wieder auf. Draußen werden die Schatten länger, taucht die Nachmittagssonne die Welt in goldenes Licht. Ich trete auf den Balkon, lasse sie mir mild auf den Pelz brennen und genieße das leichte Kribbeln im Rückenmark, das von meiner Höhenangst stammt. Die Nacht soll frostig werden. Aus den Augenwinkeln sehe ich im Büro hinter mir Menschen erschreckt zusammenzucken. Es dauert einen Augenblick, ehe ich kapiere, dass die »Balkontüre« der Notausgang war und ich statt auf einem Balkon auf dem schmalen Außengang zur Feuerleiter stehe. Nur ein stählernes Gitter trennt mich vom Abgrund. Die Tür des Notausgangs lässt sich von außen nicht öffnen. Ich stehe vor der Wahl, die Feuertreppe hinunterzuklettern und danach wieder über den Haupteingang hereinzukommen oder bei Wasserscheids Sekretärin zu klopfen und um Einlass zu betteln. Ich wähle letztere Option. Nachdem ich mich also gründlich zum Affen gemacht habe, setze ich mich brav wieder hin und warte weiter auf den Professor.

Nach kurzer Zeit erscheint er. Ich gewinne den Eindruck, dass er nicht wirklich Bock auf mich hat. Einerseits stehe ich zwischen ihm und einem Feierabend bei seinen Lieben, und andererseits ist er genervt wegen meines Stunts auf der Feuerleiter. Zur Strafe nennt er mich mehrfach vor seiner Sekretärin einen »Kollegen«.

»Bringen Sie dem Kollegen bitte einen Kaffee mit Milch!«

Bevor wir loslegen, bittet er darum, meine Reportage einsehen zu dürfen, ehe ich sie veröffentliche. Er hat Sorge, dass ich Stuss über seine Erfindung in die Welt setze. Dies ist natürlich nicht meine Absicht. Alle meine Interviewpartner bekommen die sie betreffenden Passagen zur Autorisierung vorgelegt. Ich kann ihn in diesem Punkt also beruhigen. Von Nahem betrachtet und ohne den schlechtsitzenden Zweiteiler, wirkt der Mann wesentlich dynamischer und sportlicher, als ich ihn von seinen medialen Auftritten her in Erinnerung habe. Wir sind etwa in demselben Alter, ich 50 und er Ende 40. Der Anfang unseres Treffens verläuft enttäuschend. Sicherlich bin ich dankbar und fühle mich geehrt, dass er sich überhaupt die Zeit nimmt und mir einen bildunterstützten Vortrag angedeihen lässt. Aber das meiste davon weiß ich schon, und von der Genialität seiner Entdeckung muss er mich auch nicht mehr überzeugen. Auf Einwürfe und Nachfragen reagiert er gereizt. Ich versuche zu glänzen, indem ich an einem Punkt einwerfe, dass ja auch die Bindung von Wasserstoff an Feststoffe möglich sei. Er kann entweder chemisch an die Oberfläche von Metallen gebunden werden oder in poröse Materialien mit großer Oberfläche, wie beispielsweise Kohlenstoff-Nano-Röhren oder auch keramische Materialien, eingebunden werden. Mit diesen Materialien hat er sich ausgiebig beschäftigt. Er hält nichts davon. Sie sind gefährlich zu handhaben, weil leicht entzündlich.

Interessant finde ich eine Weltkarte, auf der die Potenziale für Erneuerbare Energien dargestellt werden. Die besten Potenziale habe demnach Weltengegenden, wo kaum jemand wohnt, etwa die Sahara, der mittlere Westen der USA, Feuerland oder Somalia am Horn von Afrika. In Westeuropa hingegen, wo so gigantisch viel Energie verbraucht wird, sind die Bedingungen schlecht bis mäßig. In einer dekarbonisierten Welt wären wir niemals in der Lage, unseren Bedarf aus eigenen Mitteln zu stemmen. Ein Transport von Wasserstoff in Form von LOHC weg von den unbewohnten Gebieten, hin zu den bevölkerten Weltenteilen, wäre eine sinnvolle Antwort auf diese Problematik. »Das Weltklima entscheidet sich nicht in Deutschland«, gibt Wasserscheid zu Protokoll. Für mich sieht es ganz so aus, als habe da jemand den von mir ersehnten Albtraum von Shell und Konsorten im Blick.

Unser Gespräch nach dem Vortrag entwickelt sich spannend. Ich erfahre, dass ein wesentlicher Entwicklungspfad der

LOHC-Technologie auf Arbeiten im BMW-Konzern zurück-
geht. Einer der Finanziers von *Hydrogenious* ist derselbe bri-
tisch/südafrikanische Bergbaukonzern, der sich auch bei den
kanadischen Brennstoffzellenfabrikanten *Ballard* eingekauft
hat. Hier wird deutlich, dass der Kampf der Titanen um die
Energieversorgung der Menschheit hinter den Kulissen zwischen verschiedenen Rohstoffindustrien geführt wird. Die einen schürfen nach Öl, Gas und Kohle, die anderen nach Lithium oder Kobalt, wieder andere nach dem Edelmetall Platin.
Wasserscheid zeigt mir auf seinem Handy eine Tabelle mit
dem seit Jahren andauernden Werteinbuße von Platin nach
dem Ende des Dieselbooms. Eine verstärkte Nutzung von
Wasserstofftechnologien würde den Platinpreis vermutlich
wieder steigen lassen. Genau wie bei *Ballard* sind auch in Erlangen chinesische Investoren in Sicht. Wir plaudern noch ein
wenig über Elektroautos, die allein von einer Lithium-Ion-Bat-
terie angetrieben werden, für mich eine Wasserstoff-Verhinde-
rung-Technologie. Wasserscheid nickt nachdenklich, auch
wenn er die Batterietechnologie für Kurzstreckenfahrzeuge
und als Pufferspeicher für große Wasserstofffahrzeuge für sehr
wichtig hält.

»Wahrscheinlich wissen viele nicht, dass, wenn acht Fahrzeuge an einer Ladestation hängen, der Ladevorgang achtmal
so lange dauert wie bei einem einzelnen Fahrzeug. Simple Physik.«

Er zeigt mir eine App für das deutsche H_2-Tankstellennetz,
die unter anderem anzeigt, welche der Zapfsäulen sich gerade
im Reparaturzustand befinden. Es sind einige. Die 700 bar
Wasserstoffhochdrucktechnik ist kompliziert und anfällig. In
Deutschland oder der Schweiz ist sie gut handhabbar. Aber ist

sie auch eine Lösung für die globale Mobilitätswende, auf die es ja ankommt, wenn man die besorgniserregende Klimaentwicklung vor Augen hat? Das Fahren eines Wasserstoffautos ist im Deutschland von heute gut möglich. Wasserscheid hat mit seinem Wasserstoff-Dienstfahrzeug im letzten Jahr 15 000 Kilometer zurückgelegt, ohne jedes Problem.

»Wie gehen Sie damit um, den Deutschen Zukunftspreis nicht bekommen zu haben?«

Wasserscheid gibt den guten Verlierer:

»Das ist schon okay. Die besonders spannenden Mobilitätsanwendungen der LOHC-Technologie sind noch im Entwicklungsstadium. Das sieht alles sehr vielversprechend aus, aber bevor man das im Laden kaufen kann, braucht es noch ein paar Jahre.«

Ich beende das Gespräch. Leider wird es nichts mit dem versprochenen Besuch in der Werkshalle von *Hydrogenious*, inklusive der Fahrt in dem Mirai. Ich habe Verständnis. Es ist spät geworden und der Professor will nach Hause. Ich nehme mir ein Zimmer in der Nähe von Erlangen und gehe zum Abendessen in eine Wirtschaft. Bei einem Glas fränkischen Biers genieße ich eine deftige Portion Schäufele. In der Nacht sacken die Temperaturen bei sternenklarem Himmel unter minus zehn Grad.

Am nächsten Morgen trete ich die Rückreise an. Es ist eisig kalt. Auf der Autobahn fahre ich an einem liegengebliebenen Tesla vorbei. Gerade wenn es kalt ist, zeigen sich die Nachteile der Hochvoltbatterien. Sie geben weniger Strom ab als im warmen Zustand und müssen auch noch die Fahrerkabine heizen, was natürlich zusätzlich auf Kosten der Reichweite geschieht. Verschiedene Gedanken schwirren durch meinen Kopf. Wasserscheid hatte von den Chinesen gesprochen, die bei der Einführung der neuen Technologie den »Vorteil der Diktatur« genössen. Dort können an oberster Stelle Beschlüsse gefasst werden, und die technischen Entwicklungen wesentlich schneller vorangetrieben werden als in den schwerfälligen westlichen Demokratien. Gedanken an Franz Fischer und Hans Tropsch drängen sich mir auf – deutsche Chemiker, die mit Kohlenwasserstoffen experimentiert hatten und am Ende zu den Verursachern des Zweiten Weltkriegs zählten. Hoffentlich geht die Sache diesmal besser aus.

Ein Wort zum Schluss: Mir persönlich geht »H 18-LOHC« ähnlich schlecht von der Zunge wie Perhydro-Bituluol, weshalb ich mir anmaße, das Zeug an dieser Stelle kurzerhand und in Gedenken an einen seiner Erfinder, Professor Peter Wasserscheid, umzutaufen auf den Namen *Wassol*. Eins ist sicher: Auch wenn Wassol mit dem Bunsenbrenner bearbeitet werden kann, ohne Feuer zu fangen, so ist es dennoch ein Öl von unerhörter Flammbarkeit, das ins wasserstoffrevolutionäre Feuer gekippt wird. Vertraut man Peter Wasserscheid, so ist die komplizierte Wasserstoff-Flüssiggas-Technologie, mit der in einigen europäischen Ländern gerade ein enorm teures Tankstellennetz aufgebaut wird – ehe sie sich überhaupt halbwegs etablieren konnte – eine veraltete Technik.

Mein Dank geht an Ingeborg Dorchenas, Torsten Neugebauer, Tom Koch, Niklas Drechsler, Axel Rücker, Prof. Peter Wasserscheid, Prof. Matthias Rögner, Michael Friedrich und Jürgen Fuhrländer, deren Mithilfe und Kooperation dieses Buch erst möglich gemacht haben.

Anmerkungen

1 Scheuermann: Praxishandbuch Brandschutz, 2016, online unter: https://www.arbeitssicherheit.de/schriften/dokument/0%3A7824804.html [28.3.2019]

2 Prof. Dr. med. Volker Faust: Krankhafte Brandstiftung, online unter: http://www.psychosoziale-gesundheit.net/psychiatrie/brand.html [28.3.2019]

3 Arne Jungjohann, Stefanie Groll, Lili Fuhr: Preisgestaltung: Verdeckte Subventionen, offene Rechnungen, 2015, online unter: https://www.boell.de/de/2015/06/02/preisgestaltung-verdeckte-subventionen-offene-rechnungen [28.3.2019]

4 Wolfgang Göbel: *Friedrich August Kekulé. Biographien hervorragender Naturwissenschaftler, Techniker und Mediziner*, Bd. 72, Leipzig 1984

5 Berichte der durstigen chemischen Gesellschaft, Unerhörter Jahrgang, Nr. 20 zum 20.9.1886.

6 Otto Köhler: *... und heute die ganze Welt. Die Geschichte der IG Farben und ihrer Väter*. Köln 1989, S. 214.

7 Brewer, G.Daniel: *Hydrogen Aircraft Technology*, Boca Raton, Florida, 1991.

8 Grafiken auf den Seiten 69 und 73 wurden bereitgestellt von Prof. Dr. Matthias Roegner: Lehrstuhl für Biochemie der Pflanzen, Ruhr-Universität Bochum.

9 Sven Jösting: »Wieso das US-Militär an der Brennstoffzelle forscht«, welt.de 31.07.2018 [28.3.2018].

10 Wolfgang Kempkens: »Element Eins«: Deutsche Gasbranche startet großes Power-to-Gas-Projekt, Handelsblatt Edison 17.1.2019, online unter: https://edison.handelsblatt.com/erklaeren/element-eins-deutsche-gasbranche-startet-grosses-power-to-gas-projekt/23872860.html [28.3.2019]

11 GMTN Fachartikel Nr. 1 – Januar 2018, online unter: www.gifa.de [28.3.2019]

12 https://www.keyou.de/

13 Andrea Hoferichter: »Abschied vom Hochofen«, sz.de 2.1.2019 [28.3.2019]

14 E. Hausmann, © 1976 Verlag Chemie, GmbH

240 Seiten
ISBN 978-3-86489-239-4
20,00 €
Auch als E-Book erhältlich

Das Märchen vom Öko-Weltmeister

40 Prozent weniger CO_2-Emission bis 2020 – das war einmal. Jetzt lautet die neue Zielvorgabe der Bundesregierung: 55 Prozent weniger CO_2-Ausstoß bis 2030. Kaum zu glauben. Denn statt zu handeln, verhandeln Beamte aus den deutschen Ministerien hinter den Türen der EU-Fachausschüsse vor allem für die Interessen der deutschen Industrie. Dieselumrüstung? Geht nicht. Gesetze, die die Umwelt schützen? In Deutschland kaum durchsetzbar. Die freiwillige Selbstverpflichtung der Unternehmen soll alles richten. Heike Holdinghausen macht Schluss mit dem Märchen von Deutschlands Vorreiterrolle beim Klimaschutz. Sie legt die Fakten offen und zieht eine ernüchternde Bilanz: Deutschland produziert und konsumiert, als gäbe es kein Morgen.